重大科技基础设施管理研究

乔黎黎 著

中国科学技术出版社
·北京·

图书在版编目（CIP）数据

重大科技基础设施管理研究 / 乔黎黎著 . -- 北京：中国科学技术出版社，2023.12
ISBN 978-7-5236-0340-6

Ⅰ.①重… Ⅱ.①乔… Ⅲ.①科学技术 – 基础设施建设 – 研究 – 中国 Ⅳ.① G322

中国国家版本馆 CIP 数据核字（2023）第 219763 号

策划编辑	符晓静
责任编辑	白　珺
封面设计	红杉林文化
正文设计	中文天地
责任校对	邓雪梅
责任印制	徐　飞

出　　版	中国科学技术出版社
发　　行	中国科学技术出版社有限公司发行部
地　　址	北京市海淀区中关村南大街 16 号
邮　　编	100081
发行电话	010-62173865
传　　真	010-62173081
网　　址	http://www.cspbooks.com.cn

开　　本	720mm×1000mm　1/16
字　　数	230 千字
印　　张	12.75
版　　次	2023 年 12 月第 1 版
印　　次	2023 年 12 月第 1 次印刷
印　　刷	涿州市京南印刷厂
书　　号	ISBN 978-7-5236-0340-6 / G・1023
定　　价	68.00 元

（凡购买本社图书，如有缺页、倒页、脱页者，本社发行部负责调换）

推荐序一

本人曾任职于中国科学院基础科学局。重大科技基础设施的规划和管理，是我职责范围内的一项主要工作。"重大科技基础设施"是国家对能够提供极限研究能力的大型、复杂科学技术研究装置或系统所确定的规范性名称，因其与"大科学"研究的紧密关系，又常被从业人士称为"大科学装置"或"大科学工程"。在国家的支持下，我们的科学家和工程师艰辛建成并精心运行的重大科技基础设施，为解决国家的重大科技需求和取得科学技术重大前沿的突破性进展贡献显著，并对社会多方面的发展发挥了不可替代的重要作用，被视为"科学皇冠上的明珠"。

应该看到，在重大科技基础设施历尽困难取得成就的背后，"管理"功不可没。它贯穿于重大科技基础设施从萌芽到成功运营的全过程，其重要性、复杂性和难度不仅不亚于其他工作，而且其中有不少难题甚至需要以"十年磨一剑"的精神和毅力，通过长时间的努力才能解决。技术难关的攻克、复杂的技术系统集成不但需要技术本身的突破，还必须有科学有效的管理支持和保护；研究和工程人才队伍的组建、凝聚、高效配合更需要高水平的落实到人的管理服务；装置的建设运行管理、资金管理，无不牵涉一个个艰难的抉择；高质量管理队伍本身的建设这个更为根本和重要的问题，更需要被深入研究才能被充分认识。中国科学院在对各种不同的重大科技基础设施进行管理的实践中，做了长时间的探索研究，所形成的管理办法，提供给国家主管部门在"十五"期间开展战略研究时作为参考。随着国家层面战略研究的深入开展，我国从"十一五"时期开始自上而下地谋划布局和系统管理，重大科技基础设施的数量和质量都大大提升，不但在国家科技高速发展中发挥了关键作用，还成为公众耳熟能详的国之重器（如本书中谈及的中国"天眼"、全超导托卡马克装置、散裂中子源等）。随着类型和学科更加丰富，管理的难度也显著增加。在这种形势下，国家比任何时候都更需要有一支高素养的管理者队伍，他们不但要有为重大科技基础设施工作服务的热忱，还必须具有相应的科学知识，特别是要具备这个领域管理方面的系统知识。可是目前这方面可资参考的文献基本上是国家有关部门颁发的各种文件，关于我国重大科技基础设施的研究专著还不够多，专注于管理工作的著作（可能因需求量大）也难以获得。在国家当今发展的背景下，非常需要对我国重大科技基础设施的管理作系统性阐述和深入分析的专著，本书内容正契合本领域工作发展的迫切需要。

本书首先从重大科技基础设施"是什么"出发，分析了重大科技基础设施"从哪来"；接着，从国际上"怎么管"、我国"怎么管"，宏观"怎么管"、微观"怎么管"等方面，分析了重大科技基础设施的管理；在微观"怎么管"方面，解剖了"两只麻雀"，即两个为多学科服务的公用型设施：一个是"十五"期间由中国科学院有关研究所建设的上海光源，另一个是"十一五"期间由高校建设的脉冲强磁场，二者都开展了有效的管理，发挥了很好的效应，在国家的支持下实现了后续升级；最后提出有关的政策建议。

本书内容系统性强，并且具有与时俱进的新意：

第一，结合时代发展，深入探讨了界定重大科技基础设施的标准。全国各地对建设重大科技基础设施具有很高的积极性，可是在形成提案之前，首先要确定想建的设备是否符合重大科技基础设施的基本要求，虽然国家有关部门制定的规划和管理办法中都明确了重大科技基础设施的定义，但在实际操作中却缺乏更有具体针对性的指南和界定标准。重大科技基础设施的标准不是一成不变的，而是发展变化的，对其的界定既不容易也不简单。我们曾在2004年的战略研究报告中提出了若干标准，随着我国重大科技基础设施的发展，本书对这些标准的界定作了更加深入、细化的探讨，将有助于解决实际问题，使管理服务更契合发展的需求。

第二，丰富了重大科技基础设施研究的历史视角。一般认为，国际上重大科技基础设施起始于第二次世界大战时的"曼哈顿计划"，我国重大科技基础设施起始于"两弹一星"。本书在此基础上，把重大科技基础设施的"来历"向更早追溯，分析了"大科学"的雏形如何来，基于怎样的科学基础，又具有怎样的经济社会背景，由此丰富了对重大科技基础设施孕育生长的"土壤"的认识。这为我国当前如何从追赶发展至并跑进而领跑阶段，如何夯实经济社会的基础，如何更好地发动各方面的力量，更加有效地谋划、建设和运行使用重大科技基础设施，提供了一些历史视角的思路和借鉴。

第三，提供了国际上重大科技基础设施管理的比较研究。在国际比较研究部分，本书较为详细地介绍了美国、英国、德国、法国、澳大利亚、日本等先行国家重大科技基础设施管理工作的情况，并紧贴管理的各个环节展开论述。各国的共同点很明显，同时也有各自的特点和重点。例如，各国普遍重视规划的制定和落实，重视发展规划的更新跟上大数据等新兴领域发展的需求，对设施建设运营的支持普遍随发展而增长（只有个别例外），普遍重视相应研究机构（如国家实验室）和管理机构（如德国的亥姆霍兹联合会）的建立，普遍重视国际合作（尤以欧洲最具代表性，德、法等国很重视自身发展与欧盟规划的衔接，但英国是个反例），重视设施布局的集群效应，一些国家重视以法律来保护和规范此项工作，等等。先行国家的实践经验值得我们仔细研究和借鉴，有助于我们确定具有自身特点的发展蓝图。

第四，选取了典型案例开展系统分析，而且分析的核心关注点是揭示重大科技基础设施的成功与设施管理体系的关系。上海光源案例既具有较强的典型意义，又具有较大的影响力，其成绩和进展离不开有效的管理。本书阐述了上海光源的管理团队吸收国际经验，结合我国实际，形成了一套行之有效的管理模式。本书还系统地研究了上海光源的组织管理、过程管理和技术管理，特别是对预研过程、运行过程开展了分析，归纳了其管理模式，这将对国内新建设施提供很好的借鉴。

本书的作者乔黎黎长期从事国家重大科技基础设施管理工作和研究，深入了解国内国际该领域的状况和进展，具有比较全面的相关专业知识。作者把本书的内容定为重大科技基础设施管理研究，在叙述中特别着力于"设施和管理之间的关系"这个比较复杂且难以着力的关注点，难能可贵。本书的内容和写作水平都是高质量的，相信本书的出版会对读者有所裨益。

金 铎

2023 年 12 月 8 日

推荐序二

大科学装置是前沿科学探索和工程技术创新相融合的巅峰，是一把探索未知世界的钥匙，是连接基础科学与工程应用的桥梁，属于技术科学范畴的大型物理设施。大科学装置是以重大科学问题牵引而规划设计建设运行的庞大而复杂的物理装置，主要应用于开展前沿科学技术研究，涵盖粒子物理学、天文学、生物医学、地球科学、环境科学、材料科学、化学等众多领域，可以为人类揭示自然界的奥秘，推动科学技术创新，并对经济社会发展产生深远的影响。这些设施的建设和运行往往需要庞大的资金支持，有些设施的建设和运行还需要跨国合作。

自第二次世界大战以来，大科学装置已经成为世界各国实施科技创新、提升国家科技竞争实力的战略支撑力量。为了推动科学与技术和工程的融合，更好地支撑国家战略实施和国民经济社会发展，从"十一五"开始，我国将大科学装置更名为国家重大科技基础设施。

非常有幸，在老一辈科学家的引领下，从"十五"开始，我接触到大科学装置，跨入国家重大科技基础设施领域。二十多年来，我策划并组织或参与了多个国家重大科技基础设施项目的设计、研制、建设和运行管理。在《国家重大科技基础设施建设中长期规划（2012—2030年）》和《国家重大科技基础设施建设"十三五"规划》的编制中，我担任总体专家组副组长和材料组副组长，有机会从国家层面深入思考战略性问题。同时，这些年来，我在大学也策划建设管理了多个不同类型的重大科技基础设施。这些经历使我能够从多个层面思考国家重大科技基础设施的意义、定位、功能以及管理模式。此外，我还牵头在中国科学学与科技政策研究会创建了科技基础设施专业委员会，与国内重大科技基础设施规划、设计、建设、运行和管理的各领域专家一道，共同探讨国家重大科技基础设施发展过程中所面临的问题，并寻求解决之道。

重大科技基础设施是国家科技战略力量的重要组成部分。西方发达国家在大科学装置管理方面已积累了丰富的经验。通过注重整体规划，强调全生命周期管理，倡导协同创新和国际间合作攻克重大科学问题，坚持开放共享服务科技创新，为设施的高效运行提供了有力支撑。在过去的十多年里，秉承国际大科学装置管理经验，结合我国设施发展实际情况，我们发布了《国家重大科技基础设施建设中长期规划（2012—2030年）》和《国家重大科技基础设施管理办法》，有效支撑了国家重大科技基础设施的布局建设，还成功运行了一批代表我国科技实力和水平的"国之重器"，如光源、风洞、科考船、望远镜等设施系统和集群，有力支撑了国家战略和科技前沿相关研究。与建设规模相比，目前我国关于重大科技基础设施管理的研究仍显不足，对一些重点问题的深入探索还远远不够，现有研究的系统化、体系化也明显不足。

本书作者乔黎黎，长期致力于国家重大科技基础设施战略管理研究。作为课题负责人和主要执笔人，她先后完成了多项部委委托的战略研究课题，成功申请并完成了国家自然科学基金青年基金项目，发表了多篇相关论文。这些成果为国家重大科技基础设施管理相关决策提供了支持。她还翻译出版了《欧洲的大科学和研究基础设施》一书，积极与欧洲大科学研究基础设施学术共同体建立了联系。

本书从国家重大科技基础设施的内涵出发，提出了独特的研判标准。透过历史视角，梳理了国家重大科技基础设施的演化过程，并从国际国内、宏观微观等多个维度，尝试建立了国家重大科技基础设施管理、综合效应评价的分析框架。利用案例研究方法，在调查研究的基础上，深入分析了由中国科学院和高校承担的公用型设施管理的特点和成效。最后，提出了可持续发展的政策建议。在本书相关章节中，作者基于高校的重大科技基础设施建设管理工作经历，探讨了高校如何有效管理重大科技基础设施，探索了通过设施建设如何推动双一流大学的发展途径。这与当前高校开展有组织的科研的管理发展趋势是相契合的。相关的结论和建议对设施管理人员和研究者都具有积极的参考价值。

新时期、新形势对国家重大科技基础设施的战略管理提出了新的要求。在国家创新体系中，国家重大科技基础设施处于教育、研发、创新的核心位置。我们应以前瞻引领型、战略导向型、应用支撑型设施为导向，深入思考国家重大科技基础设施体系化布局建设以及繁衍生长环境。设施不仅要发挥面向科学技术前沿的前瞻引领作用，也要强化设施在支撑国家重大战略上的导向作用，更要着力提升设施服务我国产业高质量发展的应用支撑能力。

我国正走向科技强国的伟大征程，如何加强设施管理、支撑科技创新的跨越式发展，是摆在我们面前的重大任务。我们需要学习借鉴国际成功经验，加强国际合作，吸收先进管理理念。与此同时，我们也要注重自主创新，建设和管理好国家重大科技基础设施，使其更好地服务我国科技事业的发展。

同时，面向未来和长远，设施管理政策还应更加关注以下问题：设施本身如何实现体系化可持续发展，如何健全决策机制、责任和监督体系，国家和地方如何协同持续支持设施发展，如何更好地发挥创新要素集聚作用，如何形成有效机制带动社会力量参与，如何发挥企业作为创新主体在规划、建设、使用中的关键作用，以及如何更好地开展大科学装置的国际合作等。这些问题的深入思考和有效解决，将为加快构建新发展格局、着力推动高质量发展、建设现代化产业体系做出更大贡献。

在这个科技创新日新月异的"大科学时代"，国家重大科技基础设施是国家战略科技力量的象征。期待通过本书的探讨，能够为我国重大科技基础设施的发展和管理提供有益的启示，也希望本书的出版能够成为一个契机，激励更多年轻的科技工作者投身于国家重大科技基础设施规划、建设、运行和管理的研究，共同推动我国重大科技基础设施的建设和发展。

孙冬柏
2023 年 11 月 22 日于粤港澳大湾区

目录 CONTENTS

第一部分　重大科技基础设施的概念内涵　001

第一章　重大科技基础设施是现代化国家的基石　003
 第一节　重大科技基础设施是现代科技发展必不可少的手段　003
 第二节　主要发达国家不断加强重大科技基础设施建设布局　004
 第三节　我国重大科技基础设施进入快速发展期　005

第二章　重大科技基础设施的概念内涵　007
 第一节　重大科技基础设施的概念　007
 第二节　重大科技基础设施的主要特征　015
 第三节　重大科技基础设施的分类　021

第二部分　重大科技基础设施的演化研究　029

第三章　重大科技基础设施的演化发展　031
 第一节　演化分析框架　031
 第二节　重大科技基础设施雏形　034
 第三节　战时的国家实验主义：国家对科学工程的全力支持　042
 第四节　后超级对撞机时代：研究基础设施的新阶段　046

第四章　我国重大科技基础设施管理的发展　054
 第一节　我国"大科学"的萌芽期　054
 第二节　改革开放迎来我国"大科学"的成长期　056
 第三节　发布专项规划，进入快速发展期　059
 第四节　我国重大科技基础设施布局建设的若干启示　063

第三部分　重大科技基础设施的管理　　065

第五章　重大科技基础设施的宏观管理机制　　067
　　第一节　美国重大科技基础设施的管理策略　　067
　　第二节　欧洲研究基础设施的管理策略　　071
　　第三节　德国和法国研究基础设施的管理策略　　075
　　第四节　英国研究基础设施的管理策略　　078
　　第五节　日本大型科学设施的管理策略　　083
　　第六节　澳大利亚的设施管理策略　　086

第六章　我国重大科技基础设施的宏观管理　　089
　　第一节　管理体制　　089
　　第二节　规划立项管理　　090
　　第三节　评价管理　　092

第七章　同步辐射光源管理　　101
　　第一节　同步辐射光源　　101
　　第二节　典型同步辐射光源管理　　105

第八章　上海同步辐射光源建设管理　　116
　　第一节　建设组织管理　　116
　　第二节　建设内容管理　　126
　　第三节　建设过程管理　　129

第九章　上海同步辐射光源运行管理　　137
　　第一节　运行主体管理　　137
　　第二节　运行内容管理　　149
　　第三节　运行过程管理　　155

第十章　脉冲强磁场设施管理　　161
　　第一节　脉冲强磁场　　161
　　第二节　复杂产品系统动态能力演化过程　　164

第三节　全寿命周期复杂系统能力演化讨论　　170

第四部分　重大科技基础设施管理政策研究　　175

第十一章　重大科技基础设施可持续发展政策建议　　177

　　第一节　推进规划实施，促进长远发展　　177
　　第二节　完善全过程管理，健全管理体制　　179
　　第三节　强化顶层设计，重视分类管理　　180
　　第四节　加强组织建设，保障人才队伍　　181
　　第五节　健全投入管理，提升管理绩效　　182
　　第六节　完善考核评估，促进健康发展　　183
　　第七节　构建知识网络，促进效应发挥　　185

参考文献　　186

第一部分

重大科技基础设施的概念内涵

第一章

重大科技基础设施是现代化国家的基石

重大科技基础设施是为探索未知世界、发现自然规律、引领技术变革提供极限研究手段的大型复杂科学技术研究装置或系统。作为国家创新体系的重要组成部分，重大科技基础设施是解决重点产业"卡脖子"问题、支撑关键核心技术攻关、保障经济社会发展和国家安全的物质技术基础，是国家战略科学能力和自主创新能力的体现，是服务国家重大需求、抢占全球科技制高点、构筑竞争新优势的战略必争之地。

第一节 重大科技基础设施是现代科技发展必不可少的手段

重大科技基础设施是现代科学技术发展到一定阶段的产物。第二次世界大战期间，美国的"曼哈顿计划"是科学研究前沿与国家需求结合的典范，为"曼哈顿计划"建造的一系列核反应堆和加速器，在工程结束后并未随之关闭，而是形成了支撑核能发展以及核物理、粒子物理研究的长期运行的大型科学研究装置，并持续发展为支撑科学前沿发展的重要手段。20世纪中叶以来，几乎所有关于物质结构研究的重大成果都是依托重大科技基础设施进行实验、分析而取得的（杜澄，2011）。半个多世纪以来，重大科技基础设施已经成为各国探索科技前沿、实现公共利益和满足社会需求的必要科学手段。随着现代科学研究在微观、宏观、复杂性等方面的不断深入，国际科技竞争日趋激烈，科技制高点向深空、深海、深地、深蓝拓进，一般研究工具无法满足科学前沿革命性突破的要求，必须要建设复杂的重大科技基础设施以提供极限研究手段。加强重大科技基础设施建设对提升国家创新能力、增强国家科技竞争力具有越来越重要的意义。

重大科技基础设施已经成为推动科技前沿取得突破的关键。欧洲研究基础设施战略论坛（ESFRI）认为，重大科技基础设施处于研究、教育和创新"知识三角"的中心地位,并且在不同顶点之间起着联系桥梁的作用,通过研发产生知识,通过教育扩散知识,通过创新应用知识,是产生最具价值的新知识的重要载体。近年来,随着国际上一些顶尖重大科技基础设施建成投入使用,相关学科领域获得了前所未有的极限研究手段和实验条件,进而产出一大批具有国际影响力的科研成果,如科学家依托大型强子对撞机发现了希格斯粒子,完善了粒子物理的标准模型;依靠大型引力波探测器首次探测到引力波,证实了爱因斯坦的广义相对论。正如时任美国能源部部长斯宾塞·亚伯拉罕所言,"世界级的用户装置将产生更多世界级的科学"(美国能源部,2003)。可以说,重大科技基础设施已成为前沿科学研究获得突破的重要前提条件,使科学研究之间的竞争在一定程度上转变为科研基础设施条件之间的竞争。除科学研究外,重大科技基础设施还广泛服务于国家战略目标和经济社会发展需求。例如,欧洲研究基础设施战略论坛(2006)将研究设施定位为应对现代社会面临挑战的重要物质技术基础,被广泛应用于解决全球变暖、能源、水资源、环境、恐怖主义、老年人口的生活质量、贫富分化带来的社会稳定性等问题中。

重大科技基础设施的科技战略价值将进一步凸显。随着科学技术前沿不断向前推进,科学研究对重大科技基础设施不断提出新的更高要求。近年来,新原理、新技术、新需求不断涌现,高性能、新一代设施数量迅速增长,重大科技基础设施的布局、建设和运行将对科学技术的发展带来更加深刻的影响。随着越来越多的科学研究活动需要大型研究设施的支撑,不断提高科技基础设施的单体规模和技术性能,强化相互协作,形成大型综合性设施群成为科技发展的重要趋势。可以预见,未来重大科技基础设施的规模将持续扩大,解决全球性重大科学问题要求在全球范围内整合研究资源,多国共同建造、共同研究的大科学项目将越来越多,重大科技设施的科技和经济社会价值也将进一步显现。进一步加强重大科技基础设施建设,有利于我国在新一轮科技革命和产业革命中抢占先机、有所作为。

第二节 主要发达国家不断加强重大科技基础设施建设布局

从重大科技基础设施的发展历程可以看出,科技发展水平越高,对设施建造的需求就越迫切。第二次世界大战以来,国家间竞争从军事竞争转为综合国力的竞争,科学技术对于综合国力的影响日趋显著,这种竞争也突出地反映在重大科技基础设施领域。正如美国设施规划研究报告所指出,"重大科技设施建设可以带来后续的世界级研发，推动更多的技术创新及其他方面的进步，并保持美国持续的经济竞争力"（美国能源部，2003）。

重大科技基础设施对于相关学科领域开展高水平研究和提升国家竞争力日益显著的支撑作用，促使美、日、德、英、法等主要发达国家纷纷制定雄心勃勃的设施发展规划。例如，美国能源部（DOE）2003年发布了《未来科学装置：20年展望》，部署了未来20年的28个项目，并不断更新报告。美国国家科学基金会（NSF）近年来几度发布题为"建立国家科学基金会支持的大型研究设施的优先级"的研究报告。美国国家科学技术委员会（NSTC）2021年10月发布了《美国研究基础设施战略概述》，提供了联邦政府在国家优先领域支持的研究基础设施（RDI）的发展战略，明确了关键和新兴优先领域的政策，以解决近期、中长期和未来紧急的RDI需求。欧盟理事会于2002年开设了欧洲研究基础设施战略论坛，并于2006年年末发布了《欧洲研究基础设施路线图》，明确了未来10～20年为满足欧洲科学研究需求拟建设的35项重大科技基础设施，并分别于2008年、2010年、2016年、2018年、2021年对报告进行了更新。英国、德国、丹麦、瑞典等欧洲国家都发布了本国的重大科技基础设施发展规划。日本第4～6期科技（创新）基本计划中也规划了一系列重大科技基础设施建设项目，提出战略性地加强设施设备和信息基础，夯实知识基础。澳大利亚工业创新与科学部2016年发布了《国家创新与科学进程》，横跨许多政府部门的合作，目标在于保障澳大利亚的研究基础设施，未来10年，将投入新的持续拨款，实施"国家合作研究基础设施战略"（NCRIS），旨在推动35000名研究者、政府与产业之间的合作。韩国、印度、巴西、新加坡等新兴国家也根据本国科技发展的需要建设了若干重大科技基础设施，同时积极参与了重大科技基础设施领域的国际合作。

第三节　我国重大科技基础设施进入快速发展期

中华人民共和国成立以来，我国陆续建设了多项重大科技基础设施，包括最早为支持"两弹一星"工程建设的相关研究设施和具有突破性意义的北京正负电子对撞机。"十一五"之前，重大科技基础设施建设累计投资53亿元（中国科学院大科学装置领域战略研究组，2009）。"十一五"以来，国家进一步加大了对重大科技基础设施的投入力度，仅"十一五"期间就投资60多亿元，是"七五"到"十五"时期经费总和的2倍，建设了散裂中子源等12项设施。"十二五"和

"十三五"时期，又分别布局了16个和10个基础设施，10年间建设项目数接近此前建设总数，投资额预计是此前投资总额的4倍以上。截至2017年年底，我国在建和投入运行的重大科技基础设施总量已接近50个（国家发展和改革委员会，2017），覆盖了粒子物理、天文、地球、环境、空间、材料等多个领域。

2013年，国务院发布了由国家发展和改革委员会、财政部、科技部等九部委组织、全国150多位专家参与制定的《国家重大科技基础设施中长期规划（2012—2030年）》，这是我国重大科技基础设施领域首次制定指导设施发展的国家路线图。2016年，又在此基础上发布《国家重大科技基础设施建设"十三五"规划》，提出加快在能源、地球系统与环境、空间和天文等科学领域以及部分多学科交叉领域建设国家重大科技基础设施；依托现有先进设施组建综合性国家科学中心，打造具有世界先进水平的重大科技基础设施集群。

然而，我们也要看到，我国重大科技基础设施的发展现状与世界领先水平和服务国家科技经济社会发展的需求相比还有较大差距，既包括原创性不足、技术水平偏低、科学竞争能力较弱等发展中问题，也包括配套设施交叉、可持续发展能力不足、开放共享不足、技术储备和科技队伍不稳定等管理问题。因此，有必要对重大科技基础设施的定位和管理问题进行深入研究，以更好地指导管理实践，应对经济和社会发展面临的巨大挑战。

第二章

重大科技基础设施的概念内涵

第一节 重大科技基础设施的概念

一、基础设施

在英语中，基础设施的表达构成为 infra-structure，infra 是拉丁文，意为"在下部"，structure 为"结构"，二者结合起来即为"底层结构"，意为"一个国家或一个组织保持运行所必需的系统或结构"(《朗文当代高级英语辞典》，2002)。早在 18 世纪，亚当·斯密就在《国富论》中指出，基础设施的建设和运营是国家的重要职能之一，"君主或国家的第三种义务就是建立并维护某些公共机关和公共工程设施"。公共产品理论和现代宏观经济理论认为，政府将税收用于基础设施建设是政府履行其公共服务职能的重要内容。凯恩斯强调政府干预经济的重要性，认为政府应通过开发公共工程刺激私人投资、增加社会就业，并从治理经济危机的角度出发，指出政府应将基础设施等公共工程的投资作为宏观经济调控的手段。保罗·A.萨缪尔森（1996）在对公共产品定义进行规范时指出，公共产品具有非排他性和非竞争性。基础设施具有公益性、供给不可分性、外部经济性等，是一类重要的公共财政支持方向，资金来源包括财政直接投资、政府融资和项目融资。

广义的基础设施（infrastructure）是指为社会生产和居民生活提供公共服务的物质工程设施，是用于保证国家或地区社会经济活动正常进行的公共服务系统，包括交通、邮电、供水供电、商业服务、科研与技术服务、园林绿化、环境保护、文化教育、卫生事业等市政公用工程设施和公共生活服务设施等。基础设施是社会赖以生存和发展的一般物质条件，是国民经济各项事业发展的基础。在现代社会中，经济越发展，对基础设施的要求越高；完善的基础设施对加速社会经济活动，促进其空间分布形态演变起着巨大的推动作用。建立完善的基础设施往往需要较长时间和巨额投资，但基础设施建设具有所谓"乘数效应"，即能带来几倍于投资额的社会总需求和国民收入。

基础设施的主要特征包括：一是先行性和基础性。基础设施所提供的公共服务是所有的商品与服务生产所必不可少的，若缺少这些公共服务，其他商品与服务（主要指直接生产经营活动）便难以生产或提供。发展经济学的先驱者之一保罗·罗森斯坦－罗丹（Paul Rosenstein-Rodan）把一个国家和地区的资本分为两类，即社会先行资本（social overhead capital）和私人资本（private capital），前者即指基础设施。二是不可贸易性。绝大部分基础设施所提供的服务几乎是不能通过贸易进口的。一个国家可以从国外融资和引进技术设备，但要从国外直接整体引进机场、公路、水厂是难以想象的。三是整体不可分性。通常情况下，基础设施只有达到一定规模时才能提供服务或有效地提供服务，部分的基础设施难以实现其功能。四是准公共物品性。有一部分基础设施提供的服务具有相对的非竞争性和非排他性。世界银行首席经济学家克莉丝汀·凯塞德斯（Christine Kessides）（1993）提出了按照基础设施的可销售性[①]，即基础设施产品和服务能够进入市场进行买卖的潜力与可能，来判断该类基础设施项目的制度安排及是否适用于市场化。

二、科技基础设施

瑞士洛桑国际管理与发展学院（IMD，2015）的《世界竞争力年鉴》（*The World Competitiveness Yearbook*）中将基础设施作为国际竞争力的评价指标体系的4个一级指标之一，其中"基础设施"要素被分解为基本基础设施、科学基础设施、技术基础设施、健康和环境、教育5个二级评价指标。不过，这里的科学基础设施和技术基础设施指的是广义的科学技术环境。科学基础设施包括R&D投入、R&D人力资源、科学产出、知识转移及创新能力等24个三级指标；而技术基础设施包括通信、计算机、互联网等投资和技术，高技术出口以及网络安全等23个三级指标。

科技基础设施面向国家重大需求，具有非竞争性和非排他性，且投资巨大，收益不确定，产业界的投资能力和科学资源组织能力都难以支撑，因此政府在这

---

① 基础设施的可销售性是指基础设施产品和服务能够进入市场进行买卖的潜力与可能。判断基础设施的可销售性，除产品内在属性外，还包括生产属性、外部效应和社会政治目标特征等指标。

一类科技基础设施的建设、运行中发挥着重要作用，扮演着组织者、管理者、最终受益者的角色。郑江锋（2004）认为，科技基础设施是进行科技活动的基础条件，是进行科学研究、科技管理等活动的物质和信息保障。彭洁（2008）认为，科技基础设施是专属于开展科技活动的基础设施。王俊彪（2011）通过对科技基础设施竞争力评价的研究，指出科技基础设施的建设是科技创新的必要前提。苏竣（2014）认为，科技基础设施（如测量、检测、数据信息服务等）对科学研究和技术创新具有重要意义，往往需要较大的资金投入，单个企业或科研机构很难负担完整的基础设施平台，所以提供科技基础设施成为政府的责任，需要政府站在公共利益的立场上，运用合适的政策工具来解决，以创建具有竞争力的国家创新体系。

科技基础设施从形态上可以分为硬件和软件两个层面。温柯（2012）指出，科研基础设施是科技创新的基础和物质条件，可以理解为为保障和促进科研活动而建设的基础性的系统或结构，不仅包括物质和信息系统，而且包括依附于这些有形物质的无形服务。李平（2013）认为，科技基础设施是一个复杂的系统工程，包括仪器设备、实验基地、科技文献等不同形态的科技资源，可细分为科技物力基础设施和科技知识基础设施。

科技基础设施从服务方向上分，主要包括科学基础设施和技术基础设施。科学基础设施主要服务于科学需求，技术基础设施主要服务于技术需求。塔西（Tassey）（1997）将技术基础设施定义为竞争公司共同使用的某一产业技术的一种要素，这种技术要素和技术工具能够提高整个经济过程的效率，具有公共—私人混合结构，并给出了技术基础设施（technology infrastructure）的政策模型。苏竣（2014）认为，技术基础设施是一系列能满足国家科技发展和企业技术创新的能力集合，是促进科技发展和技术创新的物质和信息保障系统。

综上，科技基础设施是一类由公共财政支持、以科技人员为服务对象的资本和技术密集型基础设施。支撑全社会创新活动的科技基础设施资源日益成为国家的重要战略资源，是国家基础建设的重要组成部分，是全球科技创新竞争新的焦点，是各国政府公共财政的基本支出内容，在国家财政年度拨款中占据大致稳定的比例。

三、新型基础设施

新型基础设施与传统基础设施相对应，二者共同组成现代基础设施体系。新型基础设施建设是中国数字经济发展、传统产业转型升级和创新驱动发展背景下的整体性发展战略。与传统基础设施建设的逻辑和方法不同,新型基础设施更加注重数字技术创新的生态特征与跨界融合诉求,主要包括信息基础设施、融合基础设施和创新基础设施。

其中,创新基础设施主要是指支撑科学研究、技术开发、产品研制的具有公益属性的基础设施,包括重大科技基础设施、科教基础设施、产业技术创新基础设施等,是新型基础设施的重要组成部分。创新基础设施较信息基础设施和融合基础设施处于创新链的前端,将创新基础设施纳入新型基础设施体现了我国对新基建布局的前瞻性、引领性和基础性。相对传统基础设施而言,新型基础设施具有鲜明的科技特征和科技导向,既要为新产业夯实发展基础、助力产业升级提质增效,也要为科技创新提供坚实支撑。创新基础设施是数字时代面向创新驱动发展转型的基础设施,担负着支撑创新型国家"四梁八柱"的重任,将带动新型基础设施持续演进、功能不断拓展。

创新基础设施重点布局科学研究设施、技术开发设施、试验验证设施、科技资源条件平台、创新创业服务设施等方面。

针对我国原始创新能力还不强的问题,布局一批科学研究设施。当前科学技术前沿向着极宏观极微观极复杂的方向发展,国家能源、粮食、产业链、供应链还存在安全稳定隐患,人民生命健康还面临重大疾病威胁,需要重大科技基础设施、科教基础设施等前沿科学技术手段提供支撑。为满足前沿研究和国家经济社会重大战略需求,需要推进国家实验室、综合性国家科学中心等战略科技力量集群化、协同联动式发展,系统提升科学研究基础设施多元化建设、开放式运行能力。

针对核心技术被"卡脖子"的问题,建设一批技术开发设施和试验验证设施。我国在从追赶向自主创新转型的过程中,受到先发国家技术来源的遏制。由于自主开发产业共性技术的外溢性显著,基础研究与产业应用存在巨大鸿沟,市场调节失灵,需要发挥有为政府作用,主动链接前沿研究和产业发展的关键环节,建设一批支持产业共性基础技术开发的新型共性技术平台、中试验证平台、计量检测平台。建设方式上,需要整合国家、区域、行业资源,形成多元化、多层面投入机制,共同构建梯次衔接的产业技术开发设施体系。

针对科技资源支撑能力还不强的问题,统筹发展一批科技资源条件平台。随着云计算、大数据、人工智能等新技术的不断创新,科学技术研究将持续向精细化、智能化方向演进,"数据密集型"正在成为科学技术研究的典型特征,需要及早布局科学大数据存储处理能力,积累科学数据品牌认知度。针对我国科技学术论文基础数据外流的严峻现实，以及由此带来的研发工作受制于人、国家战略和科技安全存在隐患等问题，需要打造安全可靠的国家科技文献基础设施，全面提升我国原创科研论文发表平台质量。针对我国生物多样性遭受严重威胁等问题，需要加强基础性、战略性自然科技资源和人类遗传资源的保藏能力。我国野外科学观测研究对保障国家粮食安全、生态安全、资源安全、重大工程安全具有不可替代的作用，但存在重要区域、领域布局缺失，重大科学计划牵引缺乏等问题，亟须加强协同观测研究能力，发挥整体优势和潜力。

针对创新生态需要进一步完善的问题，要推动建设创新创业服务设施。创新需要一个完整的生态系统支撑，系统最重要的任务是促进激发主体各要素之间的互动、协同与演进。如果把创新政策比作阳光、空间比作土壤、资金比作源头活水、环境比作空气、激励比作养分，创新创业服务设施正是创新生态中至关重要的土壤和空气，对通过能量交换和物质流动形成相互作用、彼此影响的整体至关重要，能够有效降低创新创业创造的成本和门槛。因此，需要大力建设并完善一批包括众创空间、技术转移中心、科技企业孵化器、知识产权运营服务平台等在内的专业化创新创业服务设施，让创新创业者可以便捷地找信息、找资源、找资金、找设备、找服务，着力营造充满生机活力的创新创业创造氛围。

四、重大科技基础设施

从历史发展来看，重大科技基础设施是第二次世界大战期间美国"曼哈顿计划"的产物，其诞生显示了科学与国家安全的紧密联系，在战后数十年也显示了其对国家重大战略需求以及重大科学前沿发展的支撑作用。

重大科技基础设施有着区别于一般科技基础设施的显著特征。一是"大"，"初始和任何修改重置投资都超过了单一个人、机构或基金项目的能力"（Zuijdam，2011）。美国国家科学基金会（NSF，2003）对大科学装置（Large Scientific Facility）的定义为"由广泛的研究界人员和/或教育界人员分享使用的基础设施、仪器和设备""可以是集中的、分散的，但本质上是一体的，可以是大规模的网络或计算机基础设施，可供多用户使用的仪器或可供多用户使用的仪器网络，或者是其他对广泛的科学学科或工程学科能够产生主要影响的基础设施、仪器和设备"。"大"代表大科学装置的阈值，取决于费用、复杂度、风险性和期限。具体而言，目前NSF支持的大型装置的费用量级大致为1亿美元及以上（NSF，2015）。二是"重要"，重大研究装置的特征包括瞄准一类重要的科学需求或特殊的公共需求，国家从战略角度不能或不希望依赖其他国家的设施。但由于设施的建设难度大、投入高、对人员要求高，一些大型装置在本国或世界只能是唯一的，且需要在国际范围内广泛合作，因此设施具有国家或国际导向，而非区域导向。三是资金来源不同，由于重大科技基础设施与国家利益关系密切，因此，一般是由中央政府而非地方政府支持的。

美国发布的《研发基础设施国家战略概述》（National Strategic Overview for Research and Development Infrastructure，2021）的 RDI 范围包括并超越了"实物资产"和"主要设备"[①]。该概述将 RDI 定义为：科学和技术社区用于进行研究和开发（R&D）或促进创新的设施或系统。RDI 要素包括实验和观测基础设施、知识基础设施和研究网络基础设施——所有这些都是我们国家研发企业所依赖的综合资源。RDI 的范围仅限于联邦政府支持的 RDI，包括由联邦政府拥有、管理或资助的国际 RDI。一般而言，RDI 有两大类：一是直接支持对经济竞争力、国家安全和公共卫生有直接影响的领域的研究；二是支持纯粹以发现为导向的研究的设施科学（例如，基本粒子物理学、天文学/天体物理学和核物理学）。某些领域的设施如此之大，以至于规模往往超出任何一个国家的设计和建造能力。在这些领域应寻求与国际伙伴合作分担成本，通过建立国际合作，扩大科研范围。

欧洲研究基础设施战略论坛（2011）指出，研究基础设施是一类由欧洲研究共同体识别，并在所有科学领域开展高水平研究活动服务的特殊装置、资源或服务，包括相应的人力资源、大型仪器或设备群以及知识相关资源（如数据集和数据库）等。研究基础设施可能是单一地点、分布式或虚拟式（提供信息化服务）。欧洲学派的定义范围宽泛，在形式上除了传统的单一地点和分布式，还包括虚拟式；在领域上，除了传统的材料和分析装置、物理科学和工程、生物和医学、能源、环境科学，还包括社会科学和人文科学。欧洲学派更加强调在欧洲层面上将分布式研究基础设施形成有效的连接，以加强成员国之间的沟通和交流。如通过建设网格、计算机、软件和中间设备等数字化开放共享条件平台，推动不同功能侧重的研究基础设施之间形成有效协作；同时也更加强调"开放使用"政策，即对所有感兴趣的研究者，基于开放竞争和国际同行评议，依据科学卓越原则选择建议书。

荷兰国家科技政策研究中心总结了重大研究装置的特征，其核心观点及启示如表 2-1 所示。

---

① 例如，管理预算办公室（OMB）通告 A-11 将"实物资产"定义为"土地、结构、设备和知识产权……估计使用寿命为两年或以上；或商品库存"。"主要装备"包括"信息技术、车辆、船舶、机床、飞机、坦克、卫星和其他太空有形资产，以及核武器"。

表 2-1 重大研究装置的特征及启示

序号	特征	启示
1	初始和任何修改及重置投资都超过了单一个人、机构或基金项目的能力	不仅是建造、改造升级,甚至终止处置的投资都难以由微观个体承担,需要国家投资
2	每一个重大装置都有重要的潜在学习效应、网络效应和集群效应	重大装置能力的获得是渐进的,具有广泛影响能力和资源集聚能力
3	每一个重大研究装置都有自身的研究队伍和支持团队,这些成本多数由装置预算覆盖。除了研究人员,同时需要专业的技术和科学员工来运行和升级装置	国家支撑装置的研究和运行团队,运行团队需要专业技术人员支撑
4	研究装置的机构设置已经稳定,拥有固定的管理模式,涉及各利益相关者角色、常规评价、所有权、成本模型和基础设施可获得性等;从分工上看,这些模式都是由装置自身的管理来实现监督的	研究装置具有自组织特性
5	重大科技基础设施是国家或国际导向的,而非区域导向的;如果一个装置仅为当地研究机构利用,那它就不属于重大科技基础设施的范畴	研究问题和研究目标具有宏观意义和导向性
6	一些大型装置在本国或世界是唯一的;一国只有一个,因为打造第二个可能成本太高或没有足够的用户;拥有这类装置的原因是瞄准一类特殊的公共需求,而且是国家不能或不希望依赖其他国家的研究装置	瞄准前沿科技需求,具有国家科技战略意义
7	研究装置对外国研究者和外部用户是开放的,这种开放并不计报酬,这是大型装置的重要特征	通过免费或特定收费策略,广泛地吸引国内外用户。这种开放共享的使用规则是一种现代水平有组织的科学工作法则,依靠国家大规模投入建设大科学装置,吸引全世界的科学家来从事重大研究工作,维持全世界一流的科学研究能力和科学竞争力

来源:Zuijdam,2011.

从管理模式上看,重大科技基础设施与中小型科学仪器设备不同,自由研究、分散管理的模式不能适应大目标、大队伍、大投资、高技术的需要,而是形成了系统的、有组织的、整体协调的模式。

从学科和形态上来看,传统的核物理、粒子物理以及天文与空间科学、工程科学等领域在重大科技基础设施的支持下取得了巨大的突破;材料科学、生命科学、凝聚态物理、化学、环境科学等领域也受益于基于加速器、反应堆的同步辐射光源、中子源等公共平台型装置;近年来,生命科学、环境科学、地球科学等领域系统性、整体性研究的需要也产生了一系列大规模研究计划和相应的大规模集中布局或网络式分布的大型设备群。

国务院（2013）在《国家重大科技基础设施建设中长期规划（2012—2030年）》中将重大科技基础设施定义为：为探索未知世界、发现自然规律、实现技术变革提供极限研究手段的大型复杂科学研究系统，是突破科学前沿、解决经济社会发展和国家安全重大科技问题的物质技术基础。国家发展和改革委员会（2014）在《国家重大科技基础设施管理办法》中，对国家重大科技基础设施的定义是，为提升探索未知世界、发现自然规律、实现科技变革的能力，由国家统筹布局，依托高水平创新主体建设，面向社会开放共享的大型复杂科学研究装置或系统，是长期为高水平研究活动提供服务、具有较大国际影响力的国家公共设施。两个定义的相同点在于：一是都强调了重大科技基础设施的目标，既包括科学、技术目标，也包括经济社会和国家安全目标；二是强调物质技术基础属性。这主要是由于目前我国国家重大科技基础设施建设主要使用国家发展和改革委员会中央预算内直接投资，因此主要支持工程型重大科技基础设施项目，而不包括组织型的设施项目。相比而言，管理办法的定义更加强调了若干管理因素，如管理主体是国家，依托建设主体是高水平创新主体，设施科学寿命长，具有开放共享特性且开放范围广、服务科学技术活动对象水平高、国际影响力大等。

重大科技基础设施与同样作为"大型科学工具"的国家自然科学基金委员会支持的重大科研仪器设备相比，主要区别在于：①重大科技基础设施能够自成体系，具有完整独立的功能，而重大科研仪器设备不必自成体系，可以是大型部件级的。②重大科技基础设施需要在服务科学前沿的同时，瞄准国家重大需求，而重大科研仪器设备只满足科学需求即可，一般还未上升到国家需求的高度。③重大科技基础设施的规模更大，"十一五"到"十二五"期间，单体重大科技基础设施的投资规模为5亿~15亿元，而重大科研仪器设备的体量往往在数千万级的规模，二者相差一个数量级。④由于国家支持重大科技基础设施的运行，所以重大科技基础设施强调开放共享。2004年，我国基于新时期科技发展的特征并遵循国际惯例，将"大科学装置"更名为"国家重大科技基础设施"，将其作为全社会科技创新活动服务的公共平台，为所有科技创新主体共同服务，使之共同受益；党的十八届三中全会报告中强调重大科技基础设施的开放共享，将设施的开放共享摆在了非常突出的位置；2014年出台的《国家重大科技基础设施管理办法》中对开放共享做出了包括对谁开放、如何开放等一系列要求。而国家对重大科研仪器设备则并无开放共享要求。

综合上述分析，给出本书研究范围的重大科技基础设施的定义：为探索科学前沿、服务国家经济社会重大需求和国家安全，由国家统筹布局并主要由国家投资建设的，投资大、复杂度高的大型科学仪器、装置、设备群等单体或分布式科技基础设施。

需要说明的是，本书将重点关注工程类重大科技基础设施，即具有物质基础设施属性的项目。

第二节　重大科技基础设施的主要特征

与一般的公共工程和科研项目相比，重大科技基础设施具有以下突出特征。

一、使命性

在任何国家，重大科技基础设施都是解决国家重大战略需求的"国之重器"。设施建设目标是解决战略性、基础性和前瞻性科技问题，支撑前沿科学研究和国家重大任务实施，是代表国家参与全球科技竞争的利器。兼顾科技发展目标和国家使命，是重大科技基础设施不同于其他一般科技基础设施的显著特征。一般科技基础设施和大型研究类项目往往瞄准单纯的科技目标，注重"攀登科技高峰"，与重大科技基础设施侧重解决国家长远发展和经济社会发展中的"心腹之患"有差距。重大科技基础设施的战略性，明显高于一般科技基础设施。

重大科技基础设施在建设时由国家赋予明确的科学目标和使命，是其他科学设备或技术手段无法企及、不可替代的，其科学技术准备和工程准备的时间很长，规模和投入的财力、人力、物力巨大，远非中小型科技仪器装备可比。重大科技基础设施瞄准战略科学需求或公共需求，这类需求国家不能或不希望依赖其他国家的设施来满足。因此，国家通常将重大科技基础设施建在国立研究机构或大学。国立研究机构一般围绕国家战略必争领域建设，如重要基础前沿研究、关系国家竞争力和国家安全的战略性高技术研究、未来技术先导性研究、重大与关键科技创新平台和基础设施等。大学拥有最重要的战略资源——未来人才，一般拥有多个科学研究方向和研究基础设施，以及丰富、开放、国际化的研究资源，能够为国家吸引来自世界各地的高水平科研人才。建在大学的国家实验室或国家科研机构一般具有特殊使命。例如，美国阿贡国家实验室的使命是应对可持续能源、健康环境和国家安全的时代挑战，通过提供科学和工程解决方案引领世界发展；其任务是整合世界级的科学、工程和用户装置，发展创新研究和技术，为国家的科学和社会需求提供新知识。

二、创新性

重大科技基础设施具有卓越的性能，能支撑最高水平的科学研究，产生最具挑战性的研究成果。设施建造是运用当代最新科技成果的高难度创新活动，充分体现在设施的各级构成中。为提高设施性能，设施建设往往要采用新的科学原理、新技术或将已有技术提高到一个新的水平，必须研制大量高性能的非标部件。因此，设施建设之前要开展大量的预先研究，在工程技术设计和实施中要开展大量的研究实验和技术攻关。这一点是与一般基本建设项目区别的显著标志。

重大科技基础设施项目需要集成多种创新要素，表现为资金集聚、科学问题集聚、人才集聚等。

在资金集聚方面，重大科技基础设施耗资巨大，往往超过一个组织、一个部门甚至一个国家的财力支撑能力。因此，重大科技基础设施在本国或世界是唯一的，一国只有一个。正在执行的国际热核聚变实验堆计划（ITER）将历时35年，工程造价约100亿美元。2008年首次实现对撞的欧洲大型强子对撞机（LHC），建造用时20年，耗资54.6亿美元。建于21世纪初的日本散裂中子源（JSNS）造价17亿美元，同期的美国散裂中子源（SNS）造价14亿美元。

在科学问题集聚方面，"大科学"不仅所需资金数量大，而且还打破了狭窄的学科之间的界限。重大科技基础设施针对的科学问题意义特别重大，必须经过深入的研究和广泛的探讨才能明确其科学目标；其中的科学技术问题难度大、集成度大，必须组织一定规模的科技队伍，经过长期研究，突破大量难关，降低技术风险，才能最后确立方案。"大科学"问题促使科学家打破各自为政的传统研究模式，建立范围广泛的学术协作，这种协作不仅是科学家以前所理解的单一学科之间的联系，而且是所有学科之间的广泛联系，只有把这种协作整合在重大科技基础设施上，才能理解"大科学"的真正意义。重大科技基础设施是科学研究或研究目标过程的一部分，能够左右产生知识的状态。不仅仅是工具性质的为科学服务，同时也决定了科学的组织方式——装置构成了科学的方法、组织和管理。

在人才集聚方面，重大科技基础设施项目具有巨大的设施建设和运行维护团队，并能够吸引来自世界各地的一流研究人才前来开展科学研究。这些特点在高能物理领域的研究工作中尤其明显，如超级对撞机（SSC）项目，仅一个实验小组就有500位博士。欧洲核子研究组织常年有来自80个国家的大约6500位科学家和工程师在那里工作，代表500余所大学或机构，约占世界粒子物理学圈子的一半。具有多个用户装置的劳伦斯伯克利国家实验室（LBNL），其装置用户达到

9330 人（2014 年数据），而员工有 3395 人，用户与员工的比例约为 3∶1。

三、工程性

"自主建造"是应有之义，设施是买不来、要不来、讨不来的，它可以通过"渐进发展"，在较长时间内保持领先性。设施建设项目立项前必须解决技术、工程的可行性问题，工程方案必须能够实现，实施过程中不存在颠覆性的技术问题。工程建设要严格执行工程程序和管理规范，按工程要求完成建设任务。这一点显著区别于一般重大科技项目和商品化研发条件。完全用可从市场购买的科学仪器、装备拼凑的设施不满足工程性标准。系统级的重大关键技术受制于人，将带来设施建设的重大风险。

重大科技基础设施的工程属性和科研属性是有机结合的。建设阶段的科学研究和技术攻关活动是为了保证工程的科学性，并保证其得以实现，从而满足工程属性的要求。而建设阶段的工程属性则为建设工程中的科学研究和技术攻关活动指明了目标，并加以有别于一般科学研究的管理约束。运行阶段的工程属性是为了对设施进行维修维护以及重大升级改造，使其维持最佳的科学性能。运行阶段的科研属性则是利用设施开展科学研究活动，发挥设施对科学的支撑作用。因此，建设阶段工程性是它的基本属性，科研性是它区别于一般基建工程的特殊性。运行阶段科研性是它的基本属性，工程性是它区别于一般科研项目的特殊性。但有时候，设施的科研属性会与工程属性相矛盾，如怀疑精神与自上而下的管理体制、严格的时间进度，无偏态度与兼顾各利益相关者的政治博弈，某一承担单位建设运行并拥有设施资产与设施的普适性、公有主义等。"工程问题"在来源、性质和指向上都不同于"科学问题"（殷瑞珏，2007），具有典型的多学科交叉、科学研究与工程建造的交叉。我国部分重大科技基础设施的科学问题和工程问题如表 2-2 所示。

表 2-2　我国部分重大科技基础设施的科学问题和工程问题

设施	科学问题	工程问题
超导托卡马克	在近堆芯的高参数条件下研究等离子体的稳态和先进运行，探索实现聚变能源的工程、物理问题	建设由超高真空室、纵场线圈、极向场线圈、内外冷屏、外真空杜瓦、支撑系统等六大部件组成的主机和公用设施
郭守敬望远镜	基于大规模光谱和大规模成像测量的天文学，研究银河系结构和演化，多波段目标认证	将主动光学技术应用在反射施密特系统中，实现大口径与大视场兼备；4000 根光纤同时观测 4000 个天体的多目标光纤光谱技术，由反射施密特改正板 Ma、球面主镜 Mb 和焦面构成

017

续表

设施	科学问题	工程问题
材料安评工程	多尺度关联、多因素耦合、等效加速模拟等时间域、尺度域、环境域科学问题	建设多相流、高温高压、自然大气、特殊地域、极端环境、力学化学等6套环境模拟实验装置
子午工程	空间环境灾害性天气变化规律、我国上空环境的区域性特征	建成以链为主、链网结合的运用地磁（电）、无线电、光学和探空火箭等多种手段联合运作的大型空间环境地基监测系统

来源：作者根据公开资料归纳。

从外表形态上来讲，重大科技基础设施无疑是巨大的工程。我国的500米口径球面射电望远镜（FAST）是国际上最大的单口径望远镜，拥有30个足球场大的接收面积。对比来看，德国波恩100米望远镜曾号称"地面最大的机器"，美国阿雷西博300米望远镜曾位列人类20世纪十大工程之首。

重大科技基础设施的管理与一般的科研项目不同，其工程性突出表现在三个方面。第一，立项前必须解决其基本技术可行性问题，立项提出的工程方案必须能够实现，不存在颠覆性的技术问题。第二，工程建设要严格按照工程的程序和规范进行管理，必须采取一切可能的措施，努力按照工程要求完成建设任务。第三，在运行阶段，亦需要通过工程手段运行和维护设施，实现设施的持续改进和可持续发展。

四、整体性

通常情况下，基础设施只有达到一定的规模才能提供服务或提供有效的服务，其中的一部分难以实现既定功能，导致设施不可分割。建造时，设施的各个层级及其构成单元必须进行整体性设计；建成后，必须统一协调、统一管理、整体性运行。分布式重大科技基础设施必须按照统一的科学目标、工程目标和统一的设计，在统一的建设指挥系统和管理系统的控制下进行建造，运行中必须有统一的管理、计划和技术标准等。

重大科技基础设施的系统复杂性高、难度大。不同于普通的科研项目和基建项目，重大科技基础设施项目具有工程和科研的双重属性，因此具有高投入和高风险的特性，是典型的复杂系统。具体表现为：分为相互关联的多个单元的有机整体，建设和运行过程中涉及大量知识创新和知识应用，具有与用户和环境互动的动态开放性，对前沿科学跟踪和复杂技术集成贯穿装置的申请、建设和运行全生命周期，许多技术具有超前性、创新性、时效性和不确定性。

五、长期性

重大科技基础设施建成后，要通过长期稳定的运行和持续的科技活动才能实现预定的目标，一般具有较为长久的科学寿命。长久的科学寿命取决于设施建设团队的工程设计和实施能力，通过他们的努力，让设施的性能具有可提升性和可拓展性。建设团队可通过不断改进提高或升级改造，提升技术性能，保持设施的先进性和竞争力。设施建设时，一般会考虑研究领域扩展需求，为支撑相关科技领域的发展留出相应的空间。设施可长期开展研究工作，不是做完一次实验就关闭。商品化程度较高的科技仪器装备，淘汰和更新周期相对较短，与重大科技基础设施长期运行有很大差别。重大科技基础设施不是商品化的，而是通过工程建设来实现的，本身具有改进和发展能力，建设时采用了当时最先进的技术，建成后会随着技术的发展不断拓展自身性能、增强支撑能力。

重大科技基础设施通常具有较长的科学寿命。从立项时间来看，美国SLAC国家加速器实验室的直线加速器相干光源（LCLS）项目从1992年提出概念，到2002年项目建议获得批准，历经10年，投入大量的人力、物力，攻克许多技术难关，对科学目标和应用前景经过了反复的试验研究和探讨后才得以立项。我国的500米口径球面射电望远镜（FAST）、强磁场设施等，都经过10年左右的前期研究和预研，在解决了一系列关键科学技术问题后，才奠定了立项的基础。从服役时间来看，我国第一个超导托卡马克装置——合肥超环HT-7服役22年，英国达斯伯里实验室的世界第一个第二代同步辐射装置（SRS）运行28年后才退役，而美国SLAC国家加速器实验室的正负电子加速环（SPEAR）加速器建成于1977年，历经数次改造升级，至今仍在高效使用。

较长的科学寿命源于两个方面：一方面，从定位来看，重大科技基础设施作为支撑重大科技活动的基础设施，建成后要通过长期稳定的运行和持续的科学技术活动才能实现预定的科学技术目标，因此一般具有较长的科学寿命；另一方面，随着科学技术的不断发展，科技设施具有不断提升水平的能力。一是通过工程来实现的重大科技基础设施，其本身就具有改进和发展的能力，建设时采用了当时最先进的技术，建成之后随着技术的发展，还可以通过不断的改进提高或升级改造，提升其主体的技术性能，保持设施自身的先进性和竞争力。二是重大科技基础设施在建设时，一般都会考虑到支撑能力随研究领域的发展而扩充的需求，根据相关科学技术领域发展的预期，留出相应的发展空间，所以重大科技基础设施具有满足研究领域扩展需要的能力。

因此，国际通行对重大科技基础设施开展全寿命周期管理。美国国家科学基金会用5个阶段来描述装置的整个生命周期：概念阶段、研制阶段、实施阶段、运行维护阶段、更新或终止阶段（表2-3）。

表2-3 美国国家科学基金会定义的大型科学装置全寿命周期活动

阶段	活动
概念阶段	阐明装置的概念，开始项目规划和设计 这一阶段包括的活动有初步研发；确认需求和要求；评审技术可行性、费用、益处和风险；形成概念设计；探求合作资助的可能性；确定初步费用（相对于最终费用）、进度和性能目标
研制阶段	完成项目规划和项目设计，提交建议书 在本阶段，要完成研发、模型/测试台、风险分析和系统集成的最终设计和规则；确定最终费用、进度和性能基准；建立工作分解结构（WBS）；最终确定内部管理计划和外部工程实施计划；最终确定提供资金的伙伴和谅解备忘录
实施阶段	项目承担方执行和控制，并由美国国家科学基金会（NSF）监督项目承担方的工程实施计划 这一阶段包括装置建造和/或购置；系统集成、调试、测试和验收；向运行阶段过渡以及管理这些工作
运行维护阶段	为了预期目的使用这一装置 这一阶段包括支持和引导研究和教育活动所需要的日常工作，以确保装置有效运行且符合费用核算的要求，并在需要确保先进的研究能力时，提供小规模和中等规模的技术改进
更新或终止阶段	就继续支持装置作出决定 在这一阶段，利用运行维护阶段以及通过对研究和教育活动的成果和装置管理的各种评审所汲取的经验教训，确定是否进行装置更新、升级、复用或终止

来源：NSF. Facilities & Oversight Guide. 2003.

我国重大科技基础设施的国家管理部门——国家发展和改革委员会将项目全寿命周期分为项目决策、项目建设、项目运行、改造设计或退役等阶段。中国科学院作为我国重大科技基础设施的主管部门，对重大科技基础设施的定义是通过较大规模投入和工程建设完成的、建成后需长期稳定运行和持续开展科学技术活动，以实现重要科学技术和公益服务目标的国家大型基础设施，并以建设和运行两个主要阶段以及目标来定义重大科技基础设施。中国科学院（2013）在发布《中国科学院重大科技基础设施管理办法》的同时，为加强重大科技基础设施建设工程及其预先研究、运行工作的管理，同时发布了《中国科学院重大科技基础设施建设管理办法》和《中国科学院重大科技基础设施运行管理办法》。

由于建设阶段和运行阶段是重大科技基础设施全寿命周期最重要的阶段，建设阶段和运行阶段的利益相关者、工作内容、工作目标有很大差异。因此，本书后续主要研究重大科技基础设施的建设管理和运行管理。

六、开放性

重大科技基础设施主要由国家投资建设，是国家的战略性科技资源，具有准公共物品属性。用户提出设施建设需求，围绕用户需求建设"用户装置"，并为用户提供服务。作为国家级科学工具，重大科技基础设施的定位是向科研人员广泛地开放共享。设施的科学目标反映了国家相关科技领域的重大需求，且要解决这些重大问题，必须向社会开放。应用和服务面广的公共平台设施和公益类设施，需要支撑较多学科领域用户取得重大研究成果；专用实验设施也必须服务于领域内的广大用户，才能更好地完成国家使命。设施对广大用户广泛开放，其筛选科研项目主要依据用户提出研究方案的水平。设施开放共享水平，应该作为重大科技基础设施运行费用安排的重要依据。

这种开放并不计报酬，而是作为一种现代的科研方式，强调对科研人员的吸引和利用。无论设施的形态是单体式还是分布式，都需要有统一的出口供外部用户使用。贝尔纳（1983）指出，科学方面的技术问题无论解决得多好，科学繁荣的基本内在条件依然是关系到人的。设施的这种在设计、建设和运行方面的开放性属性，虽然也会带来增加项目管理的复杂性等不利因素，但"都抵不过由集中世界英才而获得的好处"。重大科技基础设施能够被相互竞争的科技团队或个人使用。只有吸引与汇聚多元化的研究者，并将其知识、技术和创造才能与自身内部的装置资源有机融合，才能创造出更有价值的创新知识，并最终形成一个多赢的格局。

第三节 重大科技基础设施的分类

重大科技基础设施种类多样，可按照物理形态、所属学科、应用目的、立项主体、服务方式等进行分类。

一、按照物理形态分类

按照物理形态，一般可以将重大科技基础设施分为单体式设施和分布式设施，其中单体式设施约占设施总数的90%。经济合作与发展组织（OECD，简称"经合组织"）下属的全球科技论坛（GSF，2014）将国际分布式研究基础设施分为利用综合性装置开展科学测量的设施、纳入同一科学主题的设施、数据或电子基础设施三类，并按照分布式网络结构将分布式设施分为松散型、中央型、中央分享协作型、组合型。欧洲研究基础设施战略论坛将研发基础设施分为单一地点的单一装置、分布式（分散资源的网络）及虚拟式（利用电子手段提供服务）三种。荷兰将装置分为单一地点式装置、分布式装置、可移动式装置、虚拟式装置，并根据网络问卷调查得出荷兰大型研究装置的比重，单一地点式装置占49%，分布式装置占29%，虚拟式装置占20%，只有一台可移动式装置（占2%）。能源、物理学科设施多采用单体式，而环境、生命科学等学科设施多采用分布式。

单体式设施是设施的基本物理形态，包括单一地点式和单体可移动式，前者占设施总数的大多数，后者包括海洋科考船、遥感飞机等，是具备实验条件或环境监测条件的可移动式设施。分布式设施是指分布在多个地点建设，形成地理上分离、依靠互联网连接的设施网络。分布式设施的原型是由单一承担主体（牵头）建设和运行的，按照环境科学、地学、空间科学等学科的内在要求建设的多点监测设施。随着设施规模的增大，数字化手段越发便捷，多国联合建设重大科技基础设施成为各国的普遍选择，在建设地点的选择上，分布式能兼顾更多的利益共同体，是国际合作建设重大科技基础设施经常采用的形式。随着设施的发展，也出现了部分原本可以在单一地点建设，但由于存在多个承建主体，从而博弈形成了部分设施在地理上分离的"被动分布式"，其好处是能够带动辐射更多的研究单位，但也增加了多个承担主体远程协作的管理成本，同时有可能降低设施的整体开放使用效率。

二、按照所属学科分类

相关国家和地区在制定规划的过程中，按照已有设施所在领域和未来致力发展的领域，根据所属学科对设施进行分类。美国能源部在《未来科学装置：20年展望》中将设施分为先进科学计算、基础科学、生物与环境研究、核聚变能科学、高能物理、核物理6个领域。《欧洲研究基础设施路线图》将研究基础设施分为社会和人文科学、环境科学、能源科学、生物医学和生命医学、材料科学、天文学、天体物理学、核物理和粒子物理学、计算和数据处理9个领域。

我国《国家重大科技基础设施建设中长期规划（2012—2030年）》将重大科技基础设施分为能源、生命、地球系统与环境、材料、粒子物理和核物理、空间和天文、工程技术7个科学领域。

对比可见，从学科角度，欧洲对研究基础设施的定义最为宽泛，不但包括自然科学，也包括社会科学和人文科学。而上述三个文件中都包括粒子物理和核物理、能源、生命、环境等领域，可见这些领域是各国普遍重视和发展的重大科技基础设施重点学科领域。

多学科通用类设施可能会单列管理。例如，我国2012版对设施中长期规划的分类更多参考了《欧洲研究基础设施路线图》的分类方式，材料领域多数设施包括了同步辐射光源、自由电子激光、散裂中子源、强磁场等提供多学科使用的平台型设施，并不完全为材料学科服务。从同步辐射光源的用户学科来看，材料学科一般占20%~30%，其余的用户学科包括生物学、物理学、化学、环境学等。美国将这一类多学科平台型设施在学科归类上归为基础科学。英国将这一类设施的管理权放在中心理事会，而非其他6个专业理事会。

三、按照应用目的分类

美国国家科学基金会（NSF，2009）将其所支持建设的重大科技基础设施分为以下四类：一是提升对特殊现象观测力的设施，如先进激光干涉引力波天文台；二是为自然科学和工程学多领域提供先进能力和新型资源的设施，如"蓝水"计算机；三是使科学家进入世界各地开展研究的设施，如极地研究平台；四是为支持国家的科学领导地位而长期收集数据集和提供持续观测平台的设施，如全球地震网络。

中国科学院作为中国设施最主要和最有经验的管理部门，其重大科技基础设施分类管理方式具有代表性，将设施分为专用设施、公用设施和公益设施三类（表2-4）。其中，专用设施是为特定学科领域的重大科学技术目标而建设的，有较为收敛、单一的科学目标，主要服务于单一学科的设施，典型代表如大型加速器、大型天文望远镜、托卡马克装置等；公用设施是从专用设施中演化而来的，为多学科领域的基础研究、应用基础研究和应用研究服务，特点是应用范围广泛、利用效率高、影响力大，典型代表如同步辐射光源、散裂中子源、强磁场等；公益设施是为国家经济建设、国家安全和社会发展提供基础科技数据与信息等技术支撑，并开展相关科学技术研究的设施，是科学社会功能的体现，是设施支持自然规律科学研究功能之外的拓展，为社会提供科学数据等基础支撑的公益服务，包括国家长短波授时台、地壳运动观测网络、子午工程等。

表 2-4 中国科学院对重大科技基础设施的分类管理情况

	专用设施	公用设施	公益设施
应用目的	为特定学科领域的重大科学技术目标而建设	为多学科领域的基础研究、应用基础研究和应用研究服务	为国家经济建设、国家安全和社会发展提供基础科技数据与信息等技术支撑，并开展相关科学技术研究
功能使用优先权	主要服务于科学家个体	主要服务于科学家个体	国家总体利益优先
学科数量	单学科	多学科	单/多学科
功能目标	设施科学前沿	外部科学前沿	经济社会需求及科学前沿
评价标准	科学目标实现情况、技术状况与运行水平、交流与合作、后续发展能力、运行经费使用效率、队伍建设与人才培养、管理情况等	支持科学实验情况、开放共享、运行维护与改进、队伍建设与人才培养、经费使用效率、管理、后续发展能力等	支持公益服务的情况、开放共享、运行维护与改进、队伍建设与人才培养、经费使用效率、管理、后续发展能力等
评价方式	国际评估与国内评估相结合	国内评估	国内评估

来源：作者根据《中国科学院关于印发〈中国科学院重大科技基础设施管理办法〉〈中国科学院重大科技基础设施建设管理办法〉和〈中国科学院重大科技基础设施运行管理办法〉的通知》（科发条财字〔2013〕188号）归纳。

2020年9月，习近平总书记在科学家座谈会上作出"坚持面向世界科技前沿、面向经济主战场、面向国家重大需求、面向人民生命健康，不断向科学技术广度和深度进军"的重要部署。"四个面向"是科技事业创新发展的根本价值所在，是新时期我国科技创新的鲜明目标导向，为我国更为系统地推进科技创新指明了奋斗方向。《中华人民共和国国民经济和社会发展第十四个五年规划和2035年远景目标纲要》按照重大科技基础设施的功能取向，将其分为战略导向型、应用支撑型、前瞻引领型、民生改善型四类。

聚焦深空、深海、深地等领域的重大需求，建设以解决国家战略性科技问题为目标的战略导向型重大科技基础设施。这类设施的用户主要是国家重大科技计划、国家重大工程项目的承担者，建设设施是为了支撑他们解决事关国家长远发展和国家安全的重大科技问题。例如，可服务于航天任务实施的空间环境地面模拟装置、子午工程，可服务于国防、通信、金融、电力等重要领域安全运行的长短波授时系统、高精度地基授时系统，可服务于海洋战略实施和海洋安全维护的海底科学观测网等。

聚焦现代化经济体系建设、提高产业基础能力和产业链水平的需要，建设一批以支撑关键核心技术攻关、颠覆性技术开发为目标的应用支撑型重大科技基础设施。这类设施的用户主要是从事产业技术开发的高校、科研院所和企业，建设设施是为了解决产业技术高端化、可持续发展问题，目标是服务用户开发产业关键核心技术、战略性产品，形成自主知识产权，催生新兴产业和新经济增长点，保障产业技术安全，带动企业技术水平提升。例如，可服务于下一代网络开发的未来网络试验设施，可服务于汽车、飞机、高铁等交通工具研制的结冰风洞、大型低速风洞等。

聚焦新一轮科技革命和产业变革的重大方向，建设一批以突破重大前沿科技问题为目标的前瞻引领型重大科技基础设施。这类设施的用户主要是高水平科学研究群体，建设设施是为了拓展人类探索未知的极限能力，瞄准宇宙演化、物质结构、生命起源、脑与认知等前沿科学问题，提出原创理论，支撑实现前瞻性基础研究、引领性原创成果的重大突破。例如，服务于天文学界科学研究的郭守敬望远镜、中国"天眼"，服务于暗物质研究的极深地下极低辐射本底前沿物理实验设施，服务于粒子物理和核物理研究的兰州重离子加速器、北京正负电子对撞机等。

聚焦重大创新活动需要的极限研究环境和手段，建设一批以促进学科交叉融合、产学研深度合作、跨主体共享共用为目标的民生改善型重大科技基础设施。这类设施的用户广泛，既有从事前沿科学研究的科学家，又有从事产业技术开发的企业研发人员，建设设施是为了提供极限研究手段、创造特殊实验环境，为科技界、产业界开展高水平科学研究活动提供服务。例如，用于众多科技、产业领域各类研究样品的结构分析与表征的同步辐射光源、自由电子激光、散裂中子源、极端条件设施、强磁场设施等。民生改善型设施的综合功能最强、对体系化布局的要求最高，要调动多方面力量协同发展提升。

四、按照立项主体分类

按照立项主体，可将重大科技基础设施分为国家设施、跨国设施、地方设施、社会出资建设设施。从大设施的定义来看，它以国家立项为主，资金来源可以多元化。"大科学"的问题越来越难、需要出资越来越多、不确定性越来越大，因此需要更多的创新人才投入，从而出现了分布式设施，共同解决重大难题。20世纪90年代，从美国终止超导超级对撞机（SSC），欧洲核子中心成为高能物理学的领军机构（拥有大型强子对撞机）开始，跨国共同立项建设成为当代"大科学"和设施的发展趋势，出现了许多国际大科学工程和大科学计划，如国际热核聚变实验堆（ITER）计划、人类基因组计划（HGP）等。

一般而言，前沿基础问题由国家布局解决，地方由于获得了国家设施的溢出效应，也会提供一定的资金或土地等。改革开放以来，促进我国快速发展的"地方锦标赛"机制，也在国家提出创新驱动发展战略以后显现出巨大的驱动作用。"十二五"期间，出现了部分国家立项、国家和地方共同出资，甚至地方出资高于国家出资的设施，如上海硬 X 射线自由电子激光装置、核聚变主机实验系统等。而社会出资建设设施也在当前发展阶段开始出现。

【案例】

彩虹鱼集团公司是一家致力以深渊科学技术为创新抓手，拓展覆盖全海域、全海深、多领域的海洋高科技公司，公司总部位于中国上海临港自由贸易区新片区。彩虹鱼集团公司联手上海海洋大学深渊科学技术研究中心和西湖大学深海技术研究中心，由"蛟龙号"原第一副总设计师崔维成教授作为领军科学家，采用"国家支持＋民间投入""产、学、研、资本互动"的创新模式，研制以万米级载人深潜器为龙头的世界领先的"深渊科学技术流动实验室"系列。在积极参与深渊科学技术流动实验室基础性研究的同时，彩虹鱼集团公司致力将研究成果进行产业化、市场化开发应用，目前已经发展形成了海洋信息科技、海洋大数据、深海装备智能制造、海洋生态环境、海洋探索旅游、海洋生物科技等海洋战略新兴产业业务板块。

五、按照服务方式分类

按照提供科学服务的方式，可将设施分为提供实验物质条件的设施和提供数据的设施。提供实验物质条件的设施通过接纳科学家或研究人员在建设地点开展实验来提供服务，设施的使用方式通常是研究者带领 2～3 名学生，带着样本，完成在自己的实验室无法完成的实验，一次使用几小时到几天的机时。从设施的内部结构来看，提供实验物质条件的设施包括设施条件发生系统、设施条件增强系统、设施条件维持系统、设施实验终端系统（图 2-1）。不过，随着数据技术的发展，提供实验物质条件的设施往往也同时提供数据，而且随着数字技术的发展，特别是疫情的影响，越来越成为趋势，如欧洲同步辐射光源已将远程个体科学用户服务作为重要方向。

第二章 | 重大科技基础设施的概念内涵

```
┌─────────────────┐     ┌─────────────────┐
│ 设施条件发生系统 │ ──> │ 设施条件维持系统 │
└─────────────────┘     └─────────────────┘
         │                       │
         ▼                       ▼
┌─────────────────┐     ┌─────────────────┐
│ 设施条件增强系统 │ ──> │ 设施实验终端系统 │
└─────────────────┘     └─────────────────┘
```

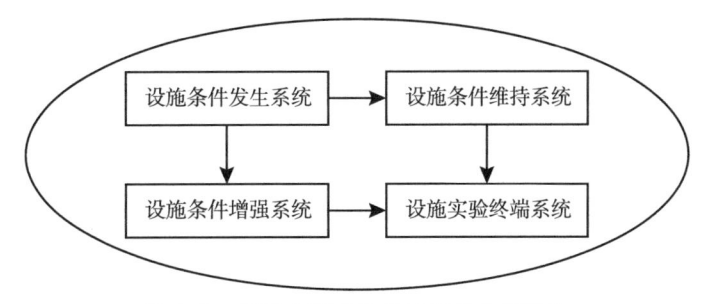

图 2-1 提供实验条件的设施的内部结构

提供数据的设施主要是将总体性数据信息直接服务于国家相关领域的管理部门，也可以远程服务于个体科学用户。科学用户只需登录设施网站，便可通过互联网下载相关数据或查阅信息，获得无须面对面的服务。从提供数据的种类来看，可以分为提供监测数据的设施，如子午工程、卫星地面观测站；提供样本库信息的设施，如西南种质资源库；提供标准信息的设施，如长短波授时台。从设施的内部结构来看，通常包括数据获取、数据传递和数据利用等分系统（图2-2）。

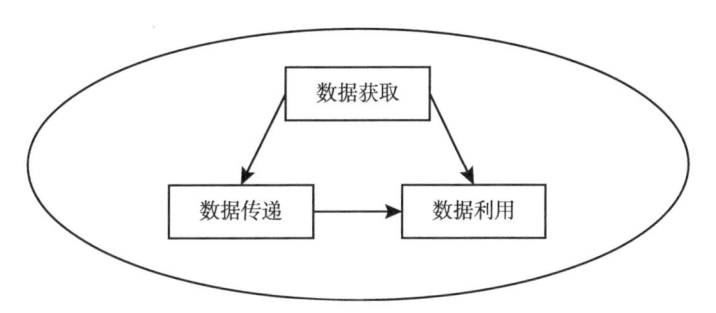

图 2-2 提供数据的设施的内部结构

综上所述，从不同的分类角度来看，设施所属的类型不一，同一重大科技基础设施按照不同的分类方式来看具有不同的属性，在管理上也很难用统一的标准去衡量，因此带来了管理的复杂性和难度。

027

第二部分 重大科技基础设施的演化研究

第三章

重大科技基础设施的演化发展

第二次世界大战时美国的"曼哈顿计划",使以核物理的大型实验条件为代表的重大科技基础设施进入国家和公众视野。事实上,早在20世纪初,科学工具大型化发展就已现雏形,而更早就已经出现了萌芽。本章试图从重大科技基础设施演化之初开始,分析几次科学革命、技术革命,不同学科、技术,以及科学技术工具的发展如何为科学工具注入了强大的能量,战争又如何为原本的科学工具提供了战略属性,才形成了今天我们所布局和发展的重大科技基础设施。

本章尝试回答几个问题:重大科技基础设施如何成为战略性科学技术工具?创新型国家如何管理重大科技基础设施?从发展的眼光来看,组织和制度建设能力如何构建?科学界与产业界的互动关系是如何形成的?什么是大型科技仪器管理的理想组织方式?不同国家差异化的组织管理方式是如何形成的?我国如何借鉴并创新?重大科技基础设施应该在国家创新体系中发挥哪些作用?谁提需求?谁来支持?如何使用?这些问题需要从更早的科学革命、技术革命和资本主义发展中寻找答案并厘清依据。本章通过提出演化分析框架,归纳不同阶段的特征,以期为当前和未来我国如何更好地布局、管理重大科技基础设施,从而为支撑高水平科技自立自强、实现教育科技人才一体化发展、迈向世界科技创新中心提供启示。

第一节 演化分析框架

重大科技基础设施的实质是国家需求导向的科学(技术)工具。在每一个发展阶段,科学需求、国家需求、产业需求的三轮驱动和相互博弈,推动了从(大型)科学仪器到重大科技基础设施的产生和发展。因此,本章主要从科学界、产业界、国家政府与大型科技工具的关系和影响角度入手,分析重大科技基础设施的演化发展情况，试图呈现科学、技术、产业、国家互动的情景。每个时期都有在技术和制度驱动下的代表性（大型）科学工具、（工具密集型）代表性学科、代表性国家管理模式。

重大科技基础设施首先是作为科学研究的工具，因此，科学发展需求是其产生、发展、提供支撑作用的直接原因。从近代科学发展产生"大科学"雏形的大型科学仪器，到第二次世界大战后迎来"大科学时代"并广泛建设的大科学装置，再到随"开放科学"倡导共享共用的重大科技基础设施，科学功能和科学价值的演化始终是科学技术基础设施发展演化的关键影响因素。随着学科的发展，不同时期的代表性学科和大型科技设施不同，以天文学和核物理学为代表，有的学科（如化学）原理成熟，复杂的大型设施往往设在工厂，而互联网和计算机技术的发展，使传统上不依赖大型科技设施的生物学、环境学发展成为联网的分布式设施，动员了本领域全世界的科学家，一起参与国际大科学计划或大科学工程，"大科学"相关的学科范围大大拓展。当代的代表性重大科技基础设施是国际合作的欧洲核子中心（CERN）的大型强子对撞机、国际热核组织（ITER）的可控核聚变装置，以及链接了全世界测序仪的人类基因组计划。

科学仪器的必要性和成熟度是逐步显现和发展的。在第二次工业革命期间，自然科学的新发展开始同工业生产紧密地结合起来，科学在推动生产力发展方面发挥了更为重要的作用，它与技术的结合使第二次工业革命取得了巨大的成果。技术的长足发展支撑了科学工具的大型化、精密化发展需求。科学充分尝到了技术的红利。技术科学和工程科学的体系化、学科化发展，与科学的良性互动，促进了大型科技设施的快速发展。在此过程中，产业界提供了重要的资金支持，美国早期的大型望远镜都是由私人基金会支持的。产业界为什么愿意且能够支持大型科技设施？这对我国当前引导社会资本参与支持重大科技基础设施，以及通过发展科学仪器行业来解决设施建设的关键技术部件主要依靠进口的"卡脖子"问题，有什么启示？

由于天文学对航海具有实际作用，而航海对资本主义国家的早期发展具有关键影响，代表性资本主义国家大力支持天文学家建造望远镜和天文台。随着科学革命和技术革命的发展，英国、法国、德国、美国分别成为世界科学中心，为当代重大科技基础设施出资和机构管理探索了不同模式。第二次世界大战期间，"曼哈顿计划"对国家安全和国际局势产生了巨大影响，再次凸显了大型科技设施的战略作用，国家替代了私人基金会，成为大型科技设施的主要支持者。在战后迎来的科学的黄金时代中，"大科学"成为"科学为政治服务"的风向标，使科学家能够在国家政治博弈中争取到大型科技基础设施建设来支撑学科的发展。这时,科学家往往要强调科学的实际应用价值,以此来获取国家、产业对科学的支持。但是,科学家出于科学本身的价值,更加强调纯科学的益处和优先性,致力把基础研究摆在比应用研究和开发更优先的位置。随着重大科技基础设施体系在国家创新体系中的功能得到确认,政府支持重大科技基础设施策略成为公共科技政策的一项重要内容。

重大科技基础设施的发展演化可分为三个阶段。第一阶段是重大科技基础设施"雏形期"。20世纪上半叶,天文学等科学仪器的大型化发展态势更加显著,这一时期,前沿物理探索中出现了"加速器"这一探索微观世界的重要工具,由私人基金会支持并设立在大学,推动核物理学向纵深发展。大学实验室研究配置贵重的设备,并与大工业研究实验室密切联系。科学进步直接与工业和军备进步相关,在第一次世界大战中,这一实用化的特点得到了充分应用。受到备战的影响,仪器越发昂贵、工作队伍越发庞大,以至于连工业都供养不起,只有最强有力的国家才能支撑前沿研究工作。第二阶段是重大科技基础设施"高速发展期"。第二次世界大战中,"曼哈顿计划"向全世界彰显了"科学的能量",在战后阶段,国家战略对科学提出了重大需求。"大科学"高速发展起来,科学政策设施这一交叉学科应运而生,其中设施的投入策略成为重要议题,具有哈维·布鲁克斯(H. Brooks, 1964)提出的"为科学的政策"与"为政策的科学"双重属性。"冷战"中,美苏两大阵营对空间科学技术的"大比拼"成为典型代表。第三阶段是研究基础设施发展新阶段:国际化、平台化、多学科。"冷战"后至今,"大科学"的发展呈现出一系列的新特征。随着"冷战"结束,"无止境的科学需求"与"有限的国家资源"相互制衡。"后冷战"科学时代的典型代表是人类基因组计划和平台型大设施。从成本分担角度来看,更多的大型科技基础设施呈现出国际化的发展趋势。如何平衡科学需求、国家利益、国际化发展等,为相关政策带来一系列挑战。近年来,随着我国科技和综合国力的崛起,出现了百年未有之大变局和大国科技博弈的新形势,这对战略科学和大型科技基础设施又提出了新的要求。

可见,无论是自然探求,还是实践发展,都对科学仪器提出了重要需求。而科学仪器随技术革命的不断进步,将科学极限推向新阶段,技术科学与工程科学的发展对物理学、化学、生命科学等基础学科的发展形成强有力支撑,其中背后隐含着更重要的制度和精神因素,包括资本主义制度、知识产权制度和科学精神等,都在科学仪器发展的早期就显示出了巨大作用(图3-1)。

```
科学层面    科学精神                        自然探求 —— 科学发展
技术层面    技术手段 →  科学工具  ←  
制度层面    制度体系                        实践需求 <  产业需求
                                                       国家需求
           供给侧                          需求侧
```

图 3-1　科学仪器发展的影响因素

第二节　重大科技基础设施雏形

一、科学在极大和极小两个方向深入探究物质的奥秘

19 世纪末，"科学的破产"和"科学的终结"的说法十分流行。麦克斯韦在 1871 年担任剑桥大学卡文迪许物理学讲座教授时指出，"在数年内物理学的重要常量几乎都将被计算出来，科学家剩下的工作就是提高计算测量的精度了。"时任美国科学促进会主席的迈克尔逊在 1894 年指出，"基本原理已经确立了，未来物理学的魅力可能会降低。"知名学者开尔文在 1900 年演讲时说，"物理学的未来只能在 6 位数的领域去寻找。"

X 射线和放射性能源的发现改变了这一悲观状况。1895 年，德国科学家伦琴发现了 X 射线，揭开了 20 世纪物理学革命的序幕。许多国家的实验室开展了对 X 射线的研究，之后 1 年内关于 X 射线的研究论文超过 1000 篇；在伦琴发现 X 射线的 3 个月后，维也纳的医院中首次利用 X 射线对人体进行拍片，第二年，西门子公司就生产出了第一台用于医疗诊断的 X 光机。科学界和产业界反应之迅速和强烈是科学技术史上罕见的，伦琴也成为第一个获得诺贝尔物理学奖的科学家。

19 世纪末到 20 世纪初，X 射线、电子、天然放射性、DNA 双螺旋结构等的发现，使人类对物质结构的认识由宏观领域进入微观领域。相对论和量子力学的建立使物理学理论和整个自然科学体系，以及自然观、世界观都发生了重大变革，有机化学、分子生物学与基因工程、生物技术、微电子与通信技术的飞速发展，标志着科学的发展进入了现代时期。科学在极大和极小两个方向深入探究物质的奥秘。

在天文领域，望远镜的发展为人类探索更宏观的宇宙提供了条件。19 世纪，光学理论和仪器观测能力的共同发展，在物理光学基础上新兴的天体物理学，特别是分光学、光度学和照相术等的应用，能够提高天文学家的观测能力，告诉我们恒星的化学组成。以大尺度的天文观测为事实依据、以爱因斯坦的相对论为理论基础，推动天文学从方位天文学进入天体物理学。1917年，美国建造了口径为2.5米的当时世界上最大的反射望远镜。哈勃利用这一望远镜探索星云的本质，将人类的视野扩展到5亿光年的范围，并提出了著名的哈勃定律，即星系的红移量与它们离地球的距离成正比。这一定律反映了整个宇宙的整体特征，并被随后的进一步观测所证实。在望远镜的帮助下，人类视野扩展到了外太阳系，进入恒星世界。而随着望远镜口径的增大，观测恒星的能力也持续提升。1948年，美国帕洛马山天文台建成了口径为5米的当时世界上最大的光学望远镜，进一步证实了哈勃定律，并修正了哈勃常数。

而高能物理实验和加速器则持续揭示更微观的物质结构。伦琴之后，关于放射性的研究不断推进，法国的贝克勒尔、居里夫妇发现天然放射性，随后，英国科学家汤姆逊在剑桥大学卡文迪许实验室通过阴极射线实验认识了电子的存在，这是第一个被发现的微观粒子，汤姆逊也被誉为"最先打开通向基本粒子物理大门的伟人"。19世纪末的三大发现揭开了研究微观世界的序幕。

欧内斯特·卢瑟福是汤姆逊的研究生，他跟随导师在剑桥大学卡文迪许实验室工作。卢瑟福率先采用天然放射性物质释放的高速粒子轰击氮原子核，基于研究事实和理论推导，提出了原子"有核结构模型"，被誉为原子核物理发展的主要奠基人。他实现了中世纪炼金术士的梦，也因为"对元素的蜕变以及放射化学的研究"获得诺贝尔化学奖。但他的实验还存在粒子种类限制、强度弱、能量不易控制等问题，难以解释原子的稳定性和同一性。

卢瑟福的学生玻尔受到德国物理学家普朗克关于能量量子化、爱因斯坦关于光量子的假定，以及巴耳末、里德伯的实验的启发，将量子化概念用到了卢瑟福的原子模型中，将原子结构与光谱联系起来，提出了玻尔模型，解开了氢光谱之谜，对量子论和原子物理的发展做出了巨大贡献。而卢瑟福的另一位学生查德威克受到老师对"中性双子"设想的启发，坚持实验并发现了中子，成为原子核物理发展史上的一个里程碑。利用不带电的中子去轰击其他原子核时，不受静电斥力，从而有更多机会和靶核发生碰撞，为原子核物理的研究和后来的核能利用打下了基础。

20世纪科学的重要特征是，科学发现与应用的关系更直接、更密切（贝尔纳，1983）。20世纪以来，随着技术的发展，实验主义更是发扬光大了。1901年以来的222名诺贝尔物理学奖获得者中，大约有2/3是实验主义者、1/3是理论家。一般来说，理论家冒着远远超前的风险，提出突破性的理论，这些理论直到实验技术发展之后才能被证明。验证假说的实验往往是物理学发展史中的关键性实验，如验证电子波动性的电子衍射实验、验证光的粒子性的康普顿散射实验、验证原子中电子确实处在分立能级的夫兰－赫兹实验等。

大实验室率先在企业建立起来并取得科学成绩。1931年，德国企业研究人员卡尔·博世和弗里德里希·贝吉乌斯成为第一次获得诺贝尔奖（化学奖）的企业研究人员；次年，通用电气的欧文·朗缪尔也获得了诺贝尔化学奖。1925年，美国最大的研究机构——贝尔实验室在纽约建立，旨在整合AT&T公司的研发部门和其电话制造部门西屋电气。该实验室拥有约3600名员工，预算超过1200万美元（通用电气的研发实验室资金拨款不超过200万美元）。1937年，该实验室的克林顿·戴维森获得了诺贝尔物理学奖。该实验室的第一任主席是物理学家弗兰克·杰维特，1939年，他成为第一位担任美国国家科学院院长的产业界科学家（Reich，1985）。

二、科学工具的复杂化大型化发展

19世纪末，以化学、电气等科技为中心，科学与技术加速融合，研究规模、生产规模迅速扩大，作为研究资源的人财物信息规模日益庞大，形成了所谓第一次"大科学"的发端（有本建男，2018）。科学得到了技术发展带来的红利，技术进步为科学探索提供了新方法和新手段，工业革命刺激并支持了科学活动的新爆发。以电气和化学为代表的第二次工业革命以来，随着技术的不断发展，复杂大型研究装置的设计和制造成为可能，也使实现科学实验追求"更大、更小、更复杂"的需求成为可能。科学理论和技术条件结合得更加紧密，新原料、新工艺的研制与科学之间日益密切的联系在仪器设备领域表现得最为明显。先进的电气工业和光学工业为科学家提供了世界最先进的科学仪器，新型实验室仪器设备的设计，特别是光谱仪、质谱仪、电子显微镜等的设计，成为物理化学发展的重要因素。探究微观世界，用普通的光学显微镜甚至电子显微镜都难以做到，实验物理学家就发明了云室、气泡室、火花室，以记录粒子的运动轨迹；用盖革计数器、闪烁计数器来记录粒子的数目。

大学为了开展工作，经常设计和制造新设备，这些设备由建有仪器设备厂的科学企业家商业化。英国和美国的许多设备公司就是这样建立起来的。一些化学、石油、电子公司的科学家也协助设备公司研制新产品。公司研究开发部门、大学实验室、政府实验室是实验分析设备的主要使用者（Eric von Hippel，1976）。新型仪器设备助力科学家做出一连串惊人的发现。可以说，科学技术的互动将科学仪器的研制推向新阶段。

大学的小型实验室无法满足科学发展的需求。核物理学的复杂性正在迅速超越小科学实验室仪器的能力。1935年以前，核衰变方面占主导地位的实验室一直是卡文迪许实验室。到了1937年，伯克利的辐射实验室给出了超过一半的氚核反应发现，在中子和质子反应方面也成绩卓著。"大科学"已明显展示出其价值，这不但是指回旋加速器这一大型仪器设备，同时还是一种新型的科学组织模式。"大科学"的主要特点在伯克利的辐射实验室中都已经显现了，包括等级制的组织和管理结构，多学科基础科学、技术和工程之间强烈的互相渗透，复杂的外界工业和政府经费资助（弗里曼，2004）。

使大科学工程成为可能的，还有日益增长的产业研发力量。1939年举办的纽约世界博览会上，杜邦公司在"化学引领更好生活"的旗帜下，展示了一种名为"尼龙"的合成纤维（Hounshell，1988）。杜邦公司作为行业第一家设立研究机构的公司，在几年后"曼哈顿计划"的实施中，扮演了更加重要的角色：领导大型钚反应堆的开发项目。

三、产业大发展和战时需求对科技体制的影响

新一轮科技革命和工业革命带来了科技范式的根本性变革。这一时期，谁来资助科学，如何组织科学，都将发生巨大的变化。

（一）产业创建科学研究组织

产业用研发来武装自己，成立了大批商业化研究实验室。在德国，诸如拜耳、赫斯特和巴斯夫等大型染料公司率先建立了专用的化学研究实验室。这些实验室拥有受过高等教育的化学家，他们与生产部门和法律部门联合起来，为新产品和新工艺申请专利。由德国学术领域的化学家和企业实验室共同推动商业化发明专利的模式，在第一次世界大战前就已经建立起来了（Homburg，2018）。学者赫尔姆霍兹和企业家西门子于1884年成立了帝国技术物理化学研究所。该研究所通过测定热传导，为量子力学的创立做出了巨大贡献，同时还通过工业技术的标准实验、测定，为德国工业做出了贡献。德国于1911年由战前的一个企业家协会创办了德国威廉皇帝学会研究所，现为闻名于世的德国马普学会。到1932年，德国境内的研究所数量增加到32个，成为德国文化和科学的象征。

在美国，商业化研究实验室最早出现在电气行业。1876年，在新泽西州的门洛帕克，发明家爱迪生将工作车间改名为"发现未来的研究室"，想用常规的、可靠的系统化工作方式来取代不可预测的天才发明行为。他招募了机械师、结

构师、化学家、物理学家和数学家，共同研究与电报和电灯有关的技术问题。爱迪生电灯公司及其所有专利后来被通用电气接手。通用电气为实验室招聘了250多名专业的工程师和科学家，商业上的结果是发明了一种全新的电灯。事实证明，这种商业模式让通用电气在10年内持续实现盈利。美国的大型公司纷纷效仿。1919—1936年，各个领域的美国企业共计建立了1100多个实验室，涉及石油、制药、汽车、钢铁等领域，美国企业也因此在全球工业研究领域占据了主导地位。1921年，企业聘用的工程师和科学家约有3000名，到1940年，超过了27000名，到第二次世界大战结束时，已接近46000名（Mowery，1989）。美国形成了以大学和工业研究实验室为主体的科技创新体系，工作条件与政府所办实验室相比基本上同等（贝尔纳，1982）。企业实验室作为应用科学研究机构，始终需要向企业展现出它们在产品和生产工艺方面的工作是有巨大商业价值的。

20世纪30—40年代，工业研究实验室已经成为美国的创新主体，其间，整个研究与发展经费投入的部门比例为：政府12%～19%，工业界63%～70%，大学9%～13%。国家的地位和国际上的赞誉似乎证实了在产业界支持下所完成的科学，与大学或政府主导的科学是平等的。

（二）私人基金会资助科学活动

到了20世纪30年代，由工业支持、装备科学设施的实验室成为科学发展的主要图景（贝尔纳，1983）。

随着科学研究的大规模化，美国产生了一种灵活的方式，为独创性的跨学科研究提供支持，其先驱是1902年由钢铁大王卡耐基创立的卡耐基基金会。卡耐基指出，"我们认识到了美国在科学方面的贫困，希望能够发现那些罕见的优秀人才并为其提供支持，从而扭转美国在世界上的地位"。由于对基础学科和产业应用结合的前景备感期待，由洛克菲勒、古根海姆、梅隆等大企业创办的研究基金会纷纷支持科学研究的发展。1913年成立的洛克菲勒基金会，其资金规模比卡耐基基金会更大。洛克菲勒基金会以"攀登科学更高峰"为口号，以促进优秀研究人员和研究机构创造出更优秀成果为目标，以医学领域为支持对象，随后扩大到了物理和化学领域，二者的竞争促进了新的研究支持体系和研究支持方法的诞生。

以私人基金会资助科学活动的模式，在第一次世界大战后得到了极大的发展，促进了大学科学的发展及其自主创新能力的增强。美国在物理、化学、生物学、天文学等基础学科领域飞跃式的发展都来自企业财团的支持。以洛克菲勒基金会为代表的美国财团还资助了第一次世界大战后的欧洲科学。剑桥大学、英国皇家学会、哥本哈根大学、巴黎大学、慕尼黑大学等都获得了资助。私人基金会对科研经费筹措和指导科学工作方面的作用，甚至大于国家科研委员会和美国科学促进会。

1880年，以发表专业性高水平研究成果为目的的《科学》杂志在美国创刊后，由于读者太少而破产，之后得到电话发明者贝尔的资助，于1883年复刊，1900年成为美国科学促进会的会刊，制定了以基础科学为焦点的出版方针，一直延续至今。

芝加哥大学旗下的叶凯士天文台创立于1897年，由当时的大企业家查尔斯·耶基斯资助，拥有大型望远镜。20世纪20年代，洛克菲勒基金会支持了帕洛马山天文台和伍兹霍尔海洋研究所等大型研究设施。高能加速器在20世纪30年代出现时也由私人基金会支持。以洛克菲勒基金会为中心，在纽约梅西百货的"百货大王"邦伯格的赞助支持下，1933年成立了普林斯顿高等研究院，爱因斯坦、奥本海默、诺伊曼、汤川秀树等都在这里工作过。

1895年，瑞典发明企业家诺贝尔去世前，依靠安全炸药等355项技术发明，以及分布在20个国家的100多家公司和工厂取得的巨额财富，留下了920万美元的遗产，他创见式地设立了世界性的科学奖励基金计划。瑞典王国政府以国家的名义使诺贝尔的遗嘱生效，正式成立诺贝尔基金会，下设4个委员会，由诺贝尔指定的各评价单位确定其组成成员。从1901年起的100多年来，诺贝尔奖成为国际科学界衡量科学水平和成就高低的权威标准。诺贝尔在其遗嘱中写道："我所留下的全部可变换为现金的财产，将以下列方式予以处理：这笔财产由我的执行者投资于安全的证券方面，并建立一种基金。它的利息每年以奖金的形式，分配给那些在前一年为人类做出杰出贡献的人。我明确的愿望是，在颁发奖金时，对于候选人的国籍丝毫不予考虑……只要谁最符合条件，谁就应该获奖。我衷心希望世界上最有成就的人获奖。"

（三）战争和产业竞争引起政府对科学的重视

这一时期，英国对科学的需求局限在战备、农业、工业、卫生等部分领域（贝尔纳，1982）。1900年，英国建立了以维持标准和机器实验为主要目的的国家物理实验室，兼有负责制定各种工商业度量单位的中央标准局职能和工业物理研究实验所职能，拥有实验池和风洞等对制造船只和飞机极为重要的大型设备。

19世纪末到20世纪初，依赖欧洲引进技术、工业标准、分析测量的美国，第一次出现了工业品出口超过进口的情况，美国与欧洲发达国家发生了严重的贸易摩擦和产业竞争。产业界的危机感促使美国于1901年成立了国家标准局。

美国在开发新技术方面发挥了20世纪领导者的作用，形成了以工业研究实验室为主体的应用研究机制。1913年，美国制造业中大约有370个研究单位，雇员3500名。据测算，此时美国已经趋近英国、法国、德国，接近当时技术的前沿（麦德逊，2003）。

美国依赖民间财团资助夯实了研究基础，从以往的重视实用向重视基础学科转变，涌现出一批被称为"科学技术官僚"的新型专业人才，包括大学校长、私人基金会会长等，推进了科学资助、奖学金制度、签约制等保障机制，建设了一批天文台等大型研究设施，还推动了青年科技人才的培养和国际研究合作。但国家支持的带有公共物品色彩的大规模科学条件还尚未建立，作用机制也处于分散割裂状态。

而战时科学的"国家功能"很快凸显。20世纪以来，科学对战争强有力的支撑作用让国家对科学功能的认识焕然一新，这时，第一次世界大战中的德国由科学技术驱动、与科学工业紧密结合的科学体制所具有的强大备战能力表现得十分充分。德国政府首先充分认识到科学对备战的价值，并在第一次世界大战中将这种优势发挥了出来。第一次世界大战期间，德国得益于第二次工业革命中冶金、飞机制造、化工等技术的发展以及紧密的科技工业联系，形成了战争能力，给世界以科学"新功能"的启迪。德国和协约国士兵的阵亡比例为1∶2，德国每损失1架飞机就要打下对方6架飞机。

战争使英国政府痛感科学研究在现代经济中的极大重要性和紧迫性，促使国家加大科学投入、加速推进科研成果付诸应用的速度，并建立专门的国家机构。英国在第一次世界大战中建立了科学技术部，旨在满足平时战备需要。虽然制造新武器、新生产机器和新科学仪器的目标不同，但技术能力积累和科技人力资源积累是相通的。

1916年，美国科学院进行了内部改革，建立国家研究委员会，作为科学院的执行机构，响应第一次世界大战期间政府对科学咨询日益增长的需求，利用科学院内外的科学家来为政府进行研究。国家研究委员会推动卡耐基基金会和洛克菲勒基金会创立了学术奖励制度，确立了各学科推进机制，美国的科学活动逐渐朝着具有自主性、重视基础学科的方向转变。第一次世界大战的爆发，加上针对所有德国产品（特别是化学品）的禁运，成就了美国"工业研究"（20世纪20年代新词）的黄金时代。在大萧条时代来临之后，国家研究委员会对国家需求所发挥的作用逐渐增强，如今仍对美国科学技术政策的制定发挥着影响作用。

1933年，美国创建了科学顾问委员会，这是第一个在联邦政府内设置的、国家级科学技术中央协调机构，还尝试处理科学技术与公共政策的关系，为第二次世界大战期间设置相关组织机构构建了基础。在罗斯福执政期间，针对经济危机的新政中，联邦政府对研究开发资助工作的思路开始转变，政府开始把科学技术定位为经济危机、战争等危机时代的"国家资源"。罗斯福在第二任期就职演说（1937年）中指出，"如果没有政府对科学的介入，科学就有可能成为人类的残暴统治者，而不是为人类所用的奴仆，也不可能指望能对其进行必要的道义性控制"。

美国在20世纪前30年洛克菲勒基金会等民间财团支持的基础上，形成了"以国家的整体资源"来推进研究开发的框架，建立了针对外部研究学者和大学研究生的资助、讲学、研修等制度，使得研究活动不是局限在政府科研机构，而是跨越了大学、企业、政府机构等部门壁垒，有效利用了全国范围的人才、设施、信息等资源，成为美国现代科学技术政策的"金字塔"。美国政府的研究开发经费从1935年的1亿多美元，增长到第二次世界大战结束时的15亿美元，科学技术体系逐步健全。

而美国对政府科研机构的管理也凸显了效率导向。第一次世界大战中成立的美国第一个真正的军事研究机构——国家航空咨询委员会，在20世纪30年代获得财政预算，来建设空气动力学和飞机引擎的大型研究设施，随后建成了埃姆斯研究中心和格伦研究中心。由于支持金额巨大，为了提高资助效率，国家航空咨询委员会在1939年首创了"签约"研究支持方式，打破了政府机关、企业、大学之间的壁垒，为广泛利用研发力量开辟了新路。这一方法成为第二次世界大战后国家实验室管理的范本。

第一次世界大战后，日本难以从发达国家进口精密器械、化学制品和医药产品技术，迫切需要自主研发技术。日本于1919年效仿德国威廉皇家学会成立了理化研究所，之后又成立了东京大学航空研究所、东北大学金属材料研究所、京都大学研究所等，这也为日本发展大型科学装置奠定了基础。

四、代表性科学工具：回旋加速器的发展

继卢瑟福提出原子"有核结构模型"之后，实验物理学家一直在探索创建人工加速粒子的装置，但使用价值和安全性都不理想。这一使用人工方法把带电粒子加速到较高能量的装置，一般包括粒子源、真空加速系统、导引聚焦系统等，都要求超导、真空、精密制造等高精尖技术的配合。1931年，美国实验物理学家欧内斯特·劳伦斯建成了第一台利用磁场加速粒子的回旋加速器。加速器的诞生被认为是大科学工程诞生的标志（师昌绪，2011）。20世纪20—30年代，工业技术和组织初次大规模地进入物理科学。基本研究工作仍以在各大学实验室进行为主，不过，以往独自工作的大学科学家们这时则领导成队的工作者，开始使用贵重的设备，并和大型工业研究实验室有着密切的联系。

1939年，劳伦斯成为人类历史上第一位因加速器而获得诺贝尔物理学奖的科学家。获得诺贝尔奖这件事意味着科学界已认可了这样一个过程，"大科学"必将越来越庞大。诺贝尔奖颁奖词称赞回旋加速器是"无与伦比的、迄今为止人类建造的最复杂和尖端的设备"。然而，"大科学"的精髓在于不断地突破现有的研究范围和研究手段。1939年年底，仅在美国就有13台35英寸（88.9厘米）及以上的加速器要上马或已在运行。这使得国防需要征用这一科学资源时，无论是人才还是条件，"刚好有一个加速器朋友圈"。

1932—1941年，劳伦斯又建造了一系列体积性能不断放大的回旋加速器，并使用回旋加速器研究过多种核反应，相继得到放射性钠、钍、碳-11、铀-233等物质。在劳伦斯实验室中还实现了镎和钚的分离，为原子弹的研制提供了原料。在回旋加速器领域陆续还取得了一系列的诺贝尔奖成果，如中子、反质子的发现等。瑞典皇家科学院评价指出，"回旋加速器在实验物理的发展史上有特殊地位，其结构庞大和复杂，是目前任何仪器不可比拟的，用它取得的实验结果也是其他物理实验仪器无法比拟的"。

第三节　战时的国家实验主义：国家对科学工程的全力支持

这一阶段主要是指第二次世界大战到"冷战"期间，这一时期的代表性大科学工程包括"曼哈顿计划"、斯普特尼克一号卫星、国际空间站项目、超导超级对撞机项目等。学界多认为"大科学"开始于第二次世界大战后期的"曼哈顿计划"。《韦氏词典》（Merriam-Webster，2004）中对"大科学"的定义是，科学家和科学史专家用来描述发达国家第二次世界大战及战后科学经历的一系列变化的一个词语，科学进步逐渐依赖国家政府或多个国家支持的大型项目。第二次世界大战以来，美国对大型科学仪器和大型科学组织方式的支持拉开了一个新的"大科学"时代的帷幕。美国以国家实验主义支撑了国家科技竞争力，从与欧洲的科学竞争中胜出，成为世界科技创新中心。

一、"大科学"

"大科学"本质上源自高能物理学的发现创造了其自身对更大、更复杂和更昂贵加速器的需求。利用加速器技术来从事核物理研究，不但重塑了对自然的基本构造的理解，而且改变了科学运行的基本模式。战时需求提供了一种不计代价实现实用需求的模式，催化了"大科学"。

"大科学"常常具有以下一个或几个特点：一是大预算，战后不再需要依靠慈善或工业资助，科学家能够获得前所未有的基础研究预算投入。二是大团队，跨学科的科学家、工程师，甚至产业人员加入。三是大装置或复杂仪器，劳伦斯的回旋加速器在他的辐射实验室开创了基础研究需要大规模仪器的时代；"曼哈顿计划"本身留下了许多支撑核能发展以及核物理、粒子物理研究的长期运行的大型科学研究装置，成为美国大科学装置发展的战略起点。众多复杂仪器配合的例子有：人类基因组计划基于测序所需建立了完整配套、规模宏大、功能有机集成的仪器设备群，整体上具有大型科技设施的形态。四是大实验室，由于基础科学投入增加，科学研究集中于大型国家实验室或国立科研机构，从而确保科学目标和国家使命的实现。

"大科学"概念的流行是从物理学家、曾担任美国橡树岭国家实验室主任的艾尔文·温伯格（Weinberg, 1961）发表在《科学》杂志上的文章开始的。温伯格用这一术语标记新出现的一类政府支持的项目，包括众多的研究人员在不同等级组织内分组一起工作，利用共享的资源。

温伯格（Weinberg, 1968）在《大科学的反思》中进一步明确了大科学项目的定义，即"大型的科学研究装置"，指一个科学项目在研究规模和尺度上是大的，如大型火箭和高能加速器等。他同时也指出，"大科学时代"会对科学产生消极影响。例如，对科学投入过多的资金只会使科学变得臃肿和懒惰，而最终将所谓的"大科学"只局限在国家实验室系统，阻止其进入大学系统。与"大科学"对应的"小科学"，即个人或科研小组，仍在产生理论结果方面发挥重要作用，但是实证常常需要建设大型实验装置来完成，同时警告资助"大科学"不应导致我们忽略追求"小科学"。

温伯格提出了关于"大科学"的三个基本问题：它会破坏科学吗？它是否会在经济上毁了国家？我们是否应该将它所支配的资金用于（例如）根除疾病和其他直接针对"人类福祉"的努力，而不是用于诸如太空旅行和粒子物理学之类的"壮观"之举方面？

美国科学学家、科学计量学的奠基人普赖斯在科学层面推进了对"大科学"的认识,即现代科学的大规模性。普赖斯(1963)的《小科学,大科学》,把研究重点放在科学内部的社会结构与知识增长的关系上,归纳出了科学事业发展的指数增长规律以及以往的小科学已经发展成为当今的"大科学"的结论。他指出:"现代科学的大规模性,面貌一新且强而有力,使人们不得不以'大科学'一词来美誉之。""大科学"适应大目标、大队伍、大投资、高集成度的需要,作为一种系统的、有组织的、整体协调的科学组织方式受到科技界越来越多的关注、思考和研究。普赖斯从"大科学,小科学"的角度,提出了评价科学体制演变的理论工具,促进了科学计量学的发展。

二、大科学装置:科学、工程和产业的结合

"大科学"意味着,动员多个领域的科学家,按照工业的方式组织,制造出大机器,承担国家使命。科学史家彼得·加里森(Galison,1992)指出,第二次世界大战中所浮现出来的"大科学"中,大型仪器的使用对前沿科学研究来说变得十分重要。加里森研究了"大科学"的形成过程,包括实验设计的演化,从桌面实验到今天的大型对撞机项目,伴随着证据标准和研究人员话语模式的变化,由此,他提出"交易区"的概念,用来形容研究组之间如何相互作用。

"曼哈顿计划"的重大影响,使得利用工程手段建设的"大型科学工程"进入公共视野。大型科学工程的出现表明科学的组织方式随着重大需求驱动发展而出现了新模式。事实上,大型科学工程成为科学研究过程的一部分,不仅是工具性质的为科学服务,同时也是研究过程或研究目标的一部分,能够左右产生知识的状态、决定科学的组织方式(Rathenau Institute,2011),因此也受到科技界越来越多的关注、思考和研究。

物理学家在一定程度上通过把自己转型为工程师,完成了雷达、近炸信管、原子弹等"壮举"。除了工程师,部分优秀的物理学家还担任了国家实验室战时主任,成功地管理了复杂事务。科学家显示出了企业家的精神和素质。

尽管承担了复合的任务导向工作,但科学家还是对科学与技术秉承着差异化认识,认为科学与技术之间存在鲜明的差别。第二次世界大战期间,麻省理工学院辐射实验室副主任及洛斯阿拉莫斯国家实验室顾问就把物理学划分为两个部分,即严格意义上的物理科学和对这门科学的应用,他称之为科学的"技术遗产"(Rabi,1970)。

三、国家实验主义：美国建立与巩固对科学装置的国家资助机制

战争时期，科学家为"曼哈顿计划"建造的一系列核反应堆和加速器，在工程结束后，形成了支撑核能发展及核物理、粒子物理研究的长期运行的大型科学研究装置，持续发展成为支撑科学前沿发展的重要手段。一系列国家机构和相关国家实验室也得到加强，国家支持大科学设施的机制得以确立。

在"曼哈顿计划"实施的过程中，形成了国家、科学家和产业界联合研发的机制，科学家为国家做出了巨大贡献，成为科学研究前沿与国家需求结合的典范。由于高能物理和空间天文学科对国家安全和国家威望的重要意义，对大型加速器和国际空间站的资助、对"大科学"与"小科学"的平衡成为重要的科技政策议题。第二次世界大战后的国际形势刺激了高能物理学领域的国际竞赛，加速器被广泛看作赢得科技"冷战"的一个必要举措，即美国与苏联的"能级冷战"。高能物理学的政治经济动力依赖国际政治的牵拉和科学家的推动。

随着科学告别"手工作坊"传统，进入"大科学时代"，科学家不得不在国家政治经济体系中与其他要素争夺有限的资源。第二次世界大战后初期，由于大型科学设施缺乏应用前景，往往缺乏广泛的支持者，其建设属于"一事一议"。在大型科学装置还属于非常规支持项目时，其必要性和紧迫性在政府层面并未达成一致。斯坦福加速器经过长达数年的持续政治博弈而最终获得支持，可见从事"大科学"研究能够保持或恢复美国在"冷战"中的领导地位并提升国家威望，已在博弈中达成共识。

然而，科学家的开放、自由、非军事化等科学诉求，与国家不同发展阶段的重大利益需求具有显著差异，其相互作用的影响因素包括国际背景、美国国内党派政治和官僚机构的地盘之争以及科学界内部的竞争。第二次世界大战后，科学家对原子弹产生的负面影响进行了反思，试图影响核政策，控制日益危险的核军备竞赛。这一运动促成了原子科学家联盟的成立，后来演变成美国科学家联盟（FAS），促使国会通过了《麦克马洪法案》，建立了一个非军事化的原子能委员会（AEC）。AEC指导美国开展武器研究和民用商业核能源研究，在第二次世界大战时发展起来的实验室基础上建立了国家实验室系统。在科学共同体和国家的博弈中，还建立了一系列国家机构来协调双方利益，包括总统科学技术顾问委员会（PCAST）、科学技术政策办公室（OSTP）、国家科学技术委员会（NSTC）、国家科学基金会（NSF）等，这些机构协调全局性科学问题并为国家议题提供科技咨询。

1957年，苏联斯普特尼克一号卫星发射，对美国产生震慑，美国政府对科学政策和管理机制做出了一系列调试。为了应对苏联卫星压力，美国提出了太空计划，并在国家航空咨询委员会（NACA）的基础上成立了国家航空航天局（NASA）。NASA管理艾姆斯、格伦和兰利研究中心，马歇尔与戈达德太空飞行中心，约翰逊与肯尼迪航天中心，同时还兼管设在加州理工学院的喷气飞机推进实验室（JPL）。

随着多学科对大型科技设施需求的增大，以及大型科技设施的科学、经济和社会效应的凸显，政府逐渐接纳了其作为常规支出，为其设立专门的预算渠道，并逐步将概念确定为科技基础设施。在政府层面，逐渐就其必要性、紧迫性、投入规模等达成一致。在许多方面，一个国家开展现代研究的能力取决于科技基础设施的水平。美国国家科学基金会的大型科研仪器和设施建设计划（MREFC），提供大量资金用于采购、建造或委托制作科学设备，旨在"扩展技术边界、为科学和工学共同体的发现开辟一条新的道路"（NSF，2003）。

第四节 后超级对撞机时代：研究基础设施的新阶段

1993年，美国能源部的超导超级对撞机项目在花费超过200亿美元后终止，提示了"大科学"所面临的巨大挑战，集中展示了"大科学"涉及的国家科学政策问题。该项目失败的原因有以下3个方面：一是管理不善，造成成本控制失效。从预期成本40亿美元上升至终止时的200亿美元，需要持续在政治博弈中争取支持，为其成为不可预见的政治环境牺牲品埋下了伏笔。二是规划选址激发了激烈的区域竞争。美国各州提交了43个提案，看似充分竞争的程序带来的结果是把竞争失利的区域政治势力推到了项目的对立面（Hazel O'Leary，George E.Brown，1993）。三是未能纳入国际资助和参与范围。美国尚未建立与其他国家分享项目控制权、就业机会和技术流动的机制，难以要求国际上做出贡献，从而加快了建设项目的螺旋式衰落。

20世纪90年代以来，在美国超导超级对撞机项目失败后，围绕"大科学"所面临的巨大挑战为政策界和公众所清楚认知，对"大科学"持续投入的质疑声浪高涨。随之以国际合作方式开展"大科学"研究成为共识，在国际上建立了国际合作共同治理的框架机制，并推动了国际空间站和国际热核聚变计划等代表性项目的开展。人类基因组计划开启了生命科学以"大科学"方式组织的先河，并取得了良好的科学效果和社会影响。在生命科学、环境科学、地球科学等领域，一些传统上由科学家个人或小团队各自进行的所谓"小科学"研究，逐渐采用

"大科学"的组织和运行方式,系统的、有组织的、整体协调的研究模式逐渐受到重视,与之相应形成了大规模集中布局的或网络式分布的仪器设备群。数字化设施和虚拟设施兴起并得到广泛重视。单体式、分布式和虚拟式的科学装置或仪器设备群组成了科技基础设施,成为国家创新体系的重要组成部分,以及提升国家创新能力和国家科技竞争力的核心物质基础。

一、"大科学"的极限和多学科发展需求

对资源的竞争驱动着各学科之间的内部竞争。起初,仅有天文学、高能物理学等少数学科的发展严重依赖昂贵的大型科学装置。随着科学的发展,大型装置需求从高能物理学、天文学等少数学科扩展到多数学科。在生命科学领域,围绕成千上万蛋白质的结构与功能研究这一目标,将众多基因表达、蛋白质制备和纯化结晶、结构测定及功能分析等仪器设备有机地集成起来,形成完整配套、规模宏大的仪器设备群,整体上具有大型科技设施的形态。在地球科学、环境科学领域,为研究地壳运动规律或监测研究环境变化规律等,将原来分散的观测设备集成为一个网络式的有机整体。将许多监测、接收设备集成在具有机动能力的载体上,构成具有综合信息获取能力和研究能力的大型科技设施。为多学科服务的光源、中子源、强磁场等科技基础设施得到科学界的青睐。

大型科学基础设施项目的产生方式是由科学共同体提出的。例如,高能物理学和天文学都会有项目产生的机制。在高能物理和核物理领域,美国国家科学基金会(NSF)和美国能源部(DOE)联合专家组持续评议该学科发展,提供详细研究,以确定未来需要哪些设施。专家组包括高能物理咨询专家组(HEPAP)和核科学咨询委员会(NSAC),由来自全国的杰出科学家组成,定期会晤并向管理机构提供相关议题的意见。天文学和天体物理学调查委员会每隔10年会在美国国家科学院的赞助下发表报告,确定未来10年新研究计划的优先领域。但对于其他学科来讲,"大科学"的科学共同体和评议机制还不够健全。对于生命科学学科是否应该用大型科学计划及网络化连接的设施方式来支持,在科学界还存在争议。

由于仪器越发昂贵且来自公共支持,科学界对仪器公用共享的呼声越来越高,这样能够提高大型仪器的使用效率,但同时也带来管理成本,以及如何分配机时等研究资源这样的问题和挑战。

二、从大科学装置到研究基础设施

苏联解体后,在"大科学"广泛发展的美国出现了科学发展扁平化、民主

化、系统性的趋势。在资助策略方面，"冷战"结束后，用"无止境"的成本支撑追求"无止境的前沿"的科学政策逐渐被摒弃。1991年，美国物理学会（APS）在其93年的历史上第一次将经费优先权倾向于更广泛基础的物理研究，而不是走精英路线的超导超级对撞机项目。齐曼（Ziman，1994）指出，"科学已经到达了增长极限，虽然具有为国家繁荣贡献增长的能力，但国家预算已经不能再支持那种需要更大研究团队、装置规模和复杂性不断增长的潜力型新研究机会的探索。"学者认为，超导超级对撞机项目的终止标志着科学资源约束时代的开始。20世纪60年代，美国约有60个大学研究反应堆，到2003年，这一数字减少至27个。美国科技政策界意识到，该项目下马留下的教训之一就是"大科学应尽可能地国际化"，以分担资金、共担风险。

20世纪90年代，经济合作与发展组织召集成立了大科学论坛（Megascience Forum），作为研究国际大科学计划和大科学工程的常设组织，后来更名为全球科技论坛（Global Science Forum），致力利用国际合作来克服大科学项目的困难、共享资金和智力资源、避免大科学项目不必要的重复（Praderie，1995）。这一组织强化了温伯格意义上的"大科学"（Megascience Project）概念，即"为完成一系列重大的、更大范围的、更为复杂的，通常需要大规模协作的科学问题，而需要进行的包括大型仪器设备和基础设施，由众多的人力资源组成的一项科学活动"（经济合作与发展组织，1995）。

在新阶段，管理和政策层将大型科研仪器定位为科技基础设施，强调其外部性和基础设施属性。科技基础设施是科学发展到一定阶段的国家和国际选择，为科学发现、国家安全、经济社会发展和人类可持续发展服务，致力将学科、国家和社会的需要，以及国家投资、科学家和工程人员的资源投入，转换成为广泛科学群体和社会公众服务的公共物品，是整个社会的"知识产业"，也是吸引世界科学家的源泉（Pero，2011）。

从对国家创新体系的影响来看，科技基础设施的特征包括以下两个方面。

一是更加强调对广大科研人员的吸引和利用。正如科学方面的技术问题无论解决得多好，科学繁荣的基本内在条件依然是关系到人的（贝尔纳，1983）。虽然国际合作也会带来增加项目管理的复杂性、丧失对项目的控制权等不利因素，但"都抵不过由集中世界英才而获得的好处"（美国国会，1995）。科技基础设施成为吸纳高水平多元化科研人才集聚的核心条件，将其知识、技术和创造才能与自身内部的装置资源有机融合，创造出更有价值的创新知识，并最终形成一个多赢的格局。科学从业者（practitioners）的范围更广、更具临时性、更混杂，科学共同体之外的公众处于"知识激发态"和"创造力激发态",知识产生的"知识共享"模式取代了"知识转移"和"知识委托"机制。这种模式能够同时保留科学自主性和发挥科学社会功能,使科学家与其他社会角色之间形成动态、合作的关系,强调伙伴关系和双向对话,向知识社会的共享创造力和共同治理方向迈进。

二是增进国家创新生态系统要素联系的紧密度。经济竞争成为"后冷战"时代的新战场,多边合作成为趋势,创新系统和创新生态系统开始成为科技政策的主流。克林顿政府在总统报告《科学与国家利益》中提出,"今天的科学和技术事业更像一个生态系统,而不是一条生产线。"美国竞争力委员会"国家创新倡议"(NII)提出要实现人才、投资和基础设施三方面的目标,其中基础设施方面要形成关于创新增长战略的全国共识,建设 21 世纪的创新基础设施。这一时期,整个社会对国家实验室系统产出和提高效率的社会要求,促使美国建立使知识从实验室转移到公众的机制。1974 年,美国组建了技术转移联邦实验室联盟(FLC),1980 年通过了《史蒂文森-魏德勒技术创新法案》,促进了联盟的发展,后于 1986 年修订为《联邦技术转移法》。此法案要求所有联邦实验室都要设立技术转移办公室来识别潜在的商业化技术,并将它们转移到产业中去,被誉为联邦实验室的《拜杜法案》。

三、研究基础设施在国家创新系统中的核心作用

国家创新系统的概念是由弗里曼(Freeman,1987)在研究日本经济赶超时提出的,伦德瓦尔(Lundvall,1992)、尼尔森(Nelson,1993)和埃德奎斯特(Edquist,1997)等国外著名学者都对其进行了深入研究和发展。国家创新系统强调结构和制度,提供了国家创新的理论框架要素,主要强调各创新主体自身能力、相互协调配合以及系统运行的制度保障。需要指出的是,国家创新系统有一个基本假设:企业、知识生产机构和个人很少能够独立创新,大量的创新是交互学习和知识搜索的累积结果。国家创新系统中主体之间的联系被视为知识的转移和交互学习过程,也就是新知识的生产和扩散过程。从这个意义上来讲,国家创新系统理论最基本的特征就是"交互",而基础设施就是交互的纽带。

欧洲研究基础设施战略论坛(2011)指出,研究基础设施的建造运行创造了重要的供应和需求效应。研究基础设施部件与技术的开发将驱动产业创新,产业界参与研究基础设施的设计和施工并预先了解采购信息意义重大。由欧盟委员会资助的欧洲研究基础设施发展观察(ERID-WATCH)项目已经显示了科研

基础设施为欧洲工业界提供公共采购市场的价值——每年80亿~90亿欧元，这个数量在过去10年中平均每年增加5.5%。因此，需要加强产业链、支持技术转移，确保科研成果迅速传递到产业界。欧盟计划将研究基础设施"经济圈"（economic cycle）效应纳入研究基础设施评价指标。

国家创新能力建立在能力相关理论的论断基础上，是国家创新系统研究的延续和深入，测度国家创新能力是国家创新系统绩效跨国比较的形式化方法。"研究能力"用来形容在研究中科学知识、专业技术与管理经验及其他人力物力资源积累而出现的潜在可能。研究能力建设在某种程度上可以定义为，为提升组织完成研究目标或个人完成具体研究任务而进行的活动（欧盟，2010）。而在更高水平上，研究能力超越个体组织的利益，与地区或国家公共政策的实施相关。研究基础设施有能力创造优越的研究环境并吸引来自不同国家、地区和领域的研究者，在这些设施和相关网络中的活动处于科学前沿，能够激发年轻人投身科学事业的兴趣，从而为培训熟练人员继而促进知识和技术转化提供独一无二的机遇。尽管缺乏对研究基础设施对创新开放、扩散和使用影响方式的系统研究，但其唯一性和对研究者这一生产因素的集聚作用，使其成为国家创新系统中最持久的"国家性"因素。可见，国家创新能力的培养和提升，越来越依赖研究基础设施的水平和效率。

波特等人（Porter, et al., 2002）提出，提升创新能力等同于提高生产力，而在知识经济时代，决定一个国家财富和竞争力的主要因素就是知识生产力。2003年，时任美国能源部部长斯宾塞·亚伯拉罕指出，"世界级的用户装置将产生更多世界级的科学，并由此产生将来世界级的研发、更大的技术创新与更多的其他进步，以及持续的美国经济竞争力"（美国能源部，2003）。弗里曼（2004）在《技术基础设施与国际竞争力》中指出，一国的国际竞争力不能用工资率、价格或汇率来解释，技术领先使一个国家具有绝对优势而不是比较优势。弗曼等人（Furman, et al., 2002）将公共创新基础设施、集群环境以及两者之间的联系作为影响国家创新能力的关键因素。马克斯特（Marxt, 2013）认为，基础设施是国家创新系统的重要组成部分，瑞士国家创新体系在欧洲排名第一的主要原因在于其大学和科学研究装置的卓越表现。苏竣（2014）认为，科技基础设施对科学研究、技术创新和创建具有竞争力的国家创新体系有重要作用。

我国将自主创新基础能力建设定义为国家创新体系建设的重要组成部分，是保障和促进全社会创新活动、培养和凝聚高层次人才、建设创新型国家的必要物质技术基础，是国家基础设施建设的重要内容，是由国家重大科技基础设施、实验室体系、工程中心、企业技术中心等构成的国家自主创新支撑体系（国务院，2007）。

研究基础设施成为以科学技术为驱动的区域创新体系的核心。各国往往依托设施集聚的科技创新资源，强化相互协作，有计划地部署综合研究基地的建设，吸引众多研究中心、企业，打造科技创新园区，形成大型综合性设施群成为科技发展的重要趋势。同步辐射光源、强磁场、散裂中子源等多学科平台型重大科技基础设施成为前沿学科交叉的沃土，形成科学前沿网络、区域产业集群的创新源头。由于复杂技术中的隐性技术溢出与地理临近性之间存在紧密关系，英国哈维尔地区、被称为"欧洲硅谷"的法国格勒诺布尔地区、中国上海张江综合性科学中心的同步辐射光源设施与医药、材料产业集群良性互动，形成科学和产业双轮驱动发展的态势。我国依托现有先进设施，组建北京怀柔、上海张江、安徽合肥等综合性国家科学中心，打造具有世界先进水平的重大科技基础设施集群，为我国深入实施创新驱动发展战略和建设世界科技强国提供重要支撑。随着创新驱动发展战略的深入实施，地方对重大科技基础设施的投入能力和积极性不断提升，对设施服务于区域经济社会发展需求也提出了更高的要求。

2006年，欧盟制定并发布了《欧洲研究基础设施路线图》。2013—2020年，在欧洲层面支持科研基础设施（新的和现有的）的总资金数量为每年大约10亿欧元的研究基金和平均每年10亿欧元的结构性基金，并计划在2020—2027年将支持额度增加50%。欧洲研究基础设施战略论坛认为，研究基础设施居于研究、创新、教育组成的知识创新系统的中心地位，而且在其中起着桥梁的作用，能够巩固欧洲在研究、创新和教育体系方面的质量，其作用机制是通过研究产生知识、通过教育扩散知识、通过创新应用知识（图3-2）。各国将国家级设施作为吸引科技人才资源、强化科技影响力的不可缺少的基础设施，并尽量参与超大型科学装置和科学计划的国际合作。

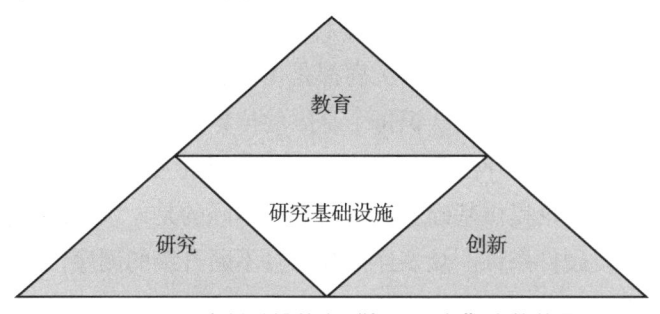

图3-2 研究基础设施在"知识三角"中的位置

来源：欧盟，2010。

在新的发展阶段，大科学项目需要面对固有的缺陷，包括无法提供足够的激励，这可以分为对人的影响（对青年科学家激励不足、出版物个人贡献被忽略、研究生难以参与全程）、管理难度（质量难以保障、项目管理难、成本与风险高）、资源分配的影响（学科领域内"大科学"和"小科学"的平衡）（荷马·A.尼尔等，2017）。

面临一系列政策挑战，政府投入在"大科学"和"小科学"中"正确的"或者说更合理的平衡是怎样的？如何确保投入成本值得？如何确定哪些学科需要大科学项目？科学共同体在这样的决定中的作用是什么？什么样的政策能够减轻大科学项目的弊端？如何评价年轻科学家在大科学团队中的贡献？如何选择优先领域？综合来看，应有以下考虑：一是形成有效的大科学共同体。要有像高能物理学和核物理学、天文学和天体物理学领域一样的科学共同体内部机制表达未来需要，如高能物理咨询专家组（HEPAP）和核科学咨询委员会（NSAC）。二是建立大科学项目标准，如天文学和天体物理学调查委员会报告（每十年一份），但是在跨学科问题上，建立合理的标准是一个挑战。三是平衡政治和科学问题。科学家和决策者如何协调？不同学科的目标不同，达到天体物理学与环境生物学前沿所需要的东西可能是完全不同的。

四、代表性工具：人类基因组计划等平台型设施

在第二次世界大战后的设施建设和发展中，科学家逐步发现了与服务单学科大型设施不同的，服务于多学科的平台型设施，如同步辐射光源、自由电子激光装置、散裂中子源、强磁场等。这类设施迅速受到科学界的青睐和国家科学与创新规划的重视，不但投入大笔经费建设新一代平台型设施，还将多个平台型设施临近布局，形成综合性研究基地。

生命科学已迈入"大科学"时代。人类基因组计划是第一个，可能也是到目前为止最知名的生命科学领域的大科学计划，其成本在30亿美元左右，实施期在1990—2003年。由于任何给定疾病都是由蛋白质或蛋白质组的故障引起的，该计划通过基因组的所有序列认识每个基因的位置及其在染色体上的排序，从而更好地认识如何发展生物疗法和疾病治疗方法，探索人类生理学和生物化学运作机制，为研究进化理论提供基础。与其他设施不同的是，该计划侧重于收集和处理数据而不是建设硬件条件。众多连接起来且不断升级的测序仪，也成为网络式分布设施的代表。

从项目立项到执行的管理机构来看，人类基因组计划最初产生于1987年美

国能源部基因组测序试点项目。有学者认为，1984年的阿尔塔峰会等学术会议对于推进绘制测序人类基因组有重要影响（Robert Cook-Deegan，1989）。美国能源部和国立卫生研究院之后签署了协议，"协调与人类基因组相关的研究和技术活动"（NHGR，1988）。1988年，美国国会启动拨款，美国能源部和美国国立卫生研究院共同发布项目计划。两个部门的精诚合作成为项目成功的重要因素。该计划是一个广泛合作的产物，除了美国能源部和美国国立卫生研究院，还包括美国各地众多大学、产业部门，以及来自英国、法国、德国、日本和中国的国际合作伙伴。该项目广泛动员了分布在世界各地的DNA研究人员利用测序仪开展工作。

人类基因组计划项目成功的原因有以下4个：一是具有直接的社会效应和政治优势。该项目是有关人的生命和疾病治疗的，且分布式的物理结构既不需要在选址上开展竞争（考虑到这是超导超级对撞机项目失败的一个重要原因），也不需要集中式制造合同。二是技术提供了坚实支撑。DNA自动测序、聚合酶链反应、万维网等现有技术的发展，都为全球生物学共同体共同开展这一研究计划提供了技术基础。三是部门间的良好合作。美国能源部在过去的"大科学"方面的历史经验有助于推进该计划在早期阶段的发展，美国能源部国家实验室强大的计算能力和来自广泛学科领域、训练有素的研究人员队伍，都对项目实施极为重要。四是开辟了学科间研产合作竞争。生命科学的多个二级学科和生物制药等产业部门都能够从项目中获益，产业部门与公共部门之间的竞争也促进了序列草图的提早完成。

2003年，人类基因组计划发布了最终的蛋白质组图谱，包含32亿个DNA代码"字母"，为生命科学学术共同体下一阶段的发现做好了储备。尽管项目实施得很成功，但生命科学学术界对"大生命科学"的理念还有许多异议，并未完全接受，也尚未形成如高能物理学与天文学等学科的"大科学"传统和内部机制，以此来表达大科学项目的需要（Douglas Steinberg，2001）。未来，还需要科学共同体内部博弈来确定优先领域，并完善项目形成机制。此外，人类基因组计划数据也给社会带来了大量的伦理问题。新的遗传信息应该如何解释和使用？谁可以利用？（荷马·A.尼尔等，2017）这些伦理、法律和社会含义也列入了研究计划，将持续促进公众对生命科学政策的讨论。

第四章

我国重大科技基础设施管理的发展

重大科技基础设施是20世纪中叶后科学发展的一个重要特征，是国家科学技术水平和综合实力的重要体现。我国的设施建设经历了从无到有、从小到大、从学习跟踪到自主创新的过程，大致可以分为萌芽期、成长期、快速发展期三个阶段。

第一节 我国"大科学"的萌芽期

本书将中华人民共和国成立后到改革开放前的近30年称为我国"大科学"的萌芽期，涉及计划经济体制下，从"一五"到"五五"的5个五年计划时期。这一时期的特点是由"两弹一星"催生了大型研究设施，建立了以建设运行大科学装置为目标的研究机构，逐步积累大型研究设施的管理经验。

一、从"两弹一星"到发展大型民用研究设施

我国大科学装置的建设发端于"两弹一星"的国家使命。当时研制"两弹一星"关系国家安全和国际地位。在中央的重大决策以及《1956—1967年科学技术发展远景规划》和《1963—1972年科学技术发展规划纲要》的指导下，"两弹一星"成功地为我国打破了核威胁、核垄断，开始攀登现代科技高峰。

"两弹一星"的研制加速了一批支撑这项重大任务的研究设施的建设，如动力堆零功率装置、点火中子源、实验性重水反应堆、材料试验堆、粒子加速器、109丙型计算机、119型计算机等。这些设施为"两弹一星"及相关领域的发展做出了重要的贡献。

这一时期，在国家发布的科技规划的指导下，围绕"两弹一星"的研发，我国的计算机、半导体、无线电电子学、自动化和远距离操纵技术取得了长足的发

展，也带动了我国科学技术的整体进步。

这一时期，虽然没有明确提出"大科学工程"和"重大科技基础设施"的概念，但是我国重大科技基础设施的建设由此起步，并拉开了序幕。

这一时期也发展了少量的民用科技设施。例如，1959年，周恩来总理批准中国科学院筹建我国自行设计并研制的第一艘3000吨级深海远洋科学考察船。该项目于1961年完成设计，1965年在沪东船厂开工建设，1968年建成，船上设有水文物理、水声、光学、海浪、气象、底栖生物等12个实验室。1968年10月18日—11月9日，在海军的护航下，完成了重载试航及科学考察任务。该船被命名为"实践号"，后交国家海洋局管理。围绕核物理建设了一批代表性设施，如1971年开始的环流器一号托卡马克装置（HL-1）的建设。该装置的完成，为我国受控核聚变的研究和发展提供了重要的实验平台，是我国受控核聚变研究和发展的一个里程碑。1976年，兰州重离子加速器工程建设得到批准。

这一时期，国家经济基础薄弱，对科技设施建设的投入较低，计划性极强。有些设施虽然立项，但因苏联援助项目的中止或国民经济计划的调整，以及"文化大革命"的影响，不得不中断或延误。当时的条件非常艰苦，科研和技术人员依靠自力更生、艰苦奋斗的精神，克服重重困难，建设并运行了一些装置，培养和造就了一批特别能啃"硬骨头"的科技人才。

二、积累工程预先研究管理经验

20世纪60年代，科学界已开始酝酿一些用于基础研究的大科学装置的建设问题，并对工程预先研究有所部署。从1967年开始，中国科学院支持了一批工程预先研究项目，如高能加速器的预先研究、2.16米天文望远镜的研制、短波授时台的建设、受控热核反应工程等，为之后的立项奠定了基础。

"两弹一星"的研制积累了大量宝贵的经验，其中，要开展工程预先研究是很重要的经验之一。1966年，聂荣臻在给周恩来总理的报告中，正式提出国防科研要走"三步棋"，即在一定的计划期限内，要有三种处于不同阶段的型号：正在试验的型号、正在设计的型号和正在探索的型号，体现了重大科技基础设施建设必须先期进行预研的思想。

三、组建以建设大科学装置为目标的研究机构

中华人民共和国成立以前，全国的科学研究（包括社会科学）机构共有40

个左右，研究人员约有650人（刘戟锋等，2004），科技基础相当薄弱。中华人民共和国成立之初，我国的科技工作从新建一批科研院所和大学起步。由于国家安全和核科学研究是当时国家最关注的问题，所以当时所建的研究机构多涉及这些领域。在国家的重视下，各类科研机构发展很快，到1956年，各部所属研究机构达105个、人员10307人，中国科学院所属研究机构达66个、人员4475人。

由于"两弹一星"和国家安全的需要，与"大科学"相关的研究机构相继成立。1966年，中国科学院陕西天文台（中国科学院国家授时中心的前身）成立，其短波授时系统至今仍在发挥着重要作用。1975年，中国科学院开始了长波授时台的建设。长短波授时台建成后，为我国人造卫星发射、回收，远距离运载火箭发射试验，神舟飞船发射、返回，探月计划实施，以及通信、测绘等领域的应用，提供了可靠的高精度时间保障。

20世纪70年代初，我国主要领导人高瞻远瞩，在非常困难的情况下部署了一批重要的大科学装置的建设和研究工作，组建以建设大科学装置为目标的研究机构。其中，具有代表性的是中国科学院高能物理研究所。1973年，根据周恩来总理"这件事不能再延迟了"的指示，中国科学院在原子能研究所一部的基础上成立了高能物理研究所；1975年，经国务院批准，高能加速器的预制研究和建造高能加速器任务（代号"七五三工程"）被列为国家重点科研工程项目。建所以来，高能物理研究所开创并推动了我国粒子物理实验、粒子天体物理实验、粒子加速器物理与技术、同步辐射技术及应用等学科领域的研究和发展，培养了一批优秀的科学家，取得了一批高水平的研究成果，研发了许多高技术产品，为我国科技事业的发展做出了重要贡献。特别是，高能物理研究所作为中国科学院系统典型的"大科学"研究所，为我国重大科技基础设施的管理体制机制构建、战略研究、人才培养等夯实了基础。

第二节　改革开放迎来我国"大科学"的成长期

我国"大科学"的成长期是指从改革开放到21世纪初（从"六五"到"十五"）这一时期。在改革开放的大背景下，经济社会发展的大环境发生了重大变化，国家进入全面发展时期，对科学技术条件的需求急剧增加。

一、对外开放奠定了"大科学"的国际合作基础

1978年,邓小平同志在全国科学大会开幕式上的讲话中指出:"四个现代化,关键是科学技术的现代化",这对我国科学技术的发展产生了深刻影响。国家先后发布了《1978—1985年全国科学技术发展规划纲要》和《1986—2000年科学技术发展规划》,提出了对科学技术的明确需求。

1979年,邓小平访美,与时任美国总统卡特在华盛顿签订了《中美科技合作协定》,后续还签订了涉及高能物理、空间科技等领域的34项合作议定书或备忘录,其中包括《中美高能物理合作议定书》《中美空间科技合作备忘录》,为大科学工程建设奠定了技术、人才的国际合作基础。

这一时期,大科学工程的概念在我国开始被认识和接受,实施大科学工程的技术、人员和机构条件日渐成熟。全国科学大会以后,国家采取了一系列加强科学技术工作的措施,大科学工程立项的进程加快。

二、从专用设施到公用设施

1983年,邓小平同志批准建设中国第一座高能加速器——北京正负电子对撞机,并于翌年为工程奠基,这是我国重大科技基础设施建设的重要里程碑。1988年10月16日,北京正负电子对撞机首次对撞成功。同年10月24日,邓小平在视察北京正负电子对撞机国家实验室时指出:"过去也好,今天也好,将来也好,中国必须发展自己的高科技,在世界高科技领域占有一席之地。"1990年,北京正负电子对撞机正式通过验收,它成功缩短了我国与发达国家在高能物理研究领域的差距。

这期间,我国还陆续建设了遥感卫星地面站、合肥同步辐射光源(简称"合肥光源")、2.16米天文望远镜、HI-13串列加速器等大科学装置。

自20世纪60年代中期以来,同步辐射的应用研究在世界各地的高能电子同步加速器上广泛开展,形成了第一次同步辐射研究的热潮。自同步辐射面世以来,同步辐射中心一直具有用户群体急剧增加、工作领域迅速开拓的特色。这些同步辐射中心的建成,标志着同步辐射专用运行时代的到来。同步辐射先进手段迅速普及,其用户来自空前广泛的科技领域,从理工科的基础研究单位到应用研究部门,甚至到工业的研究开发和质量控制部门,其影响之大在当代大科学装置中是首屈一指的。由于有如此广泛的应用群体参加,同步辐射光源很快就成为多学科融合与相互渗透的大平台。

1977年，我国同步辐射装置的建造被列入全国科学技术发展规划。1978年春，中国科学院成立同步辐射加速器筹备组，开始预研，并于1981年通过预研验收。1984年，"合肥光源"工程破土动工，1989年建成出光，并对用户开放运行。这是一台用于多学科研究的公用设施，可应用于物理、化学、材料科学、生命科学、信息科学、力学、地学、医学、药学、农学、环境保护、计量科学、光刻和超微细加工等众多基础研究和应用研究领域。

1993年，丁大钊、方守贤、冼鼎昌三位中国科学院院士建议在我国建设一台第三代同步辐射光源。中国科学院和上海市人民政府共同向国家建议，在上海建设一台第三代同步辐射装置——上海同步辐射光源（简称"上海光源"）。上海光源是中国大陆第一台中能第三代同步辐射光源。1997年，国家科技领导小组批准开展上海光源预制研究，并于1998年正式立项。1999—2001年，国家实施了上海光源预制研究项目。在此基础上，2004年上海光源开工，2009年竣工并对用户开放运行。

从管理的角度来看，这种为多学科服务的大型科研设施将"开放共享"的理念放在首位，在设施的设计、建设、使用等环节都将多学科用户作为重要的利益相关者，在管理上遵从国际管理惯例。设施向所有感兴趣的潜在用户开放，不分国籍或机构。设施资源的分配取决于对拟议工作的绩效审查。如果用户打算在开放文献中发表研究结果，则不收取非专有工作的用户费用；专有工作需要全额收回成本。设施提供足够的资源，以供用户安全有效地进行工作。设施支持一个正式的用户组织来代表用户，并促进信息共享、形成协作和组织用户之间的研究工作。

三、形成大科学工程管理体制和专项经费渠道保障

这一时期，随着科技进步和国家发展的需要，大科学工程建设领域有了新的拓展，除专用实验设施外，开始建设同步辐射装置这样的公共平台设施，公益科技设施也有了进一步的发展。这一阶段，由于大型科学设施缺乏应用前景，往往缺乏广泛的支持者，建设属于"一事一议"。

从20世纪80年代开始，初步建立了由原国家计划委员会领导、主管部门负责、建设单位实施的重大科技基础设施建设三级管理体系，这一体系在重大科技基础设施建设中发挥了重要作用。随着工程的建成，财政部和主管部门相继给予了运行经费的支持，保证了装置的稳定运行。

1996年国家实施科教兴国战略以来，重大科技基础设施建设的管理决策层

上升到国家科教领导小组决策的层面，对重大科技基础设施建设的投入有了明显的增加，首次明确了"大科学工程"建设的专项经费渠道，并且开始有了建设规划。同时，对设施内涵进行了系统研究和明确界定，"大科学工程"的概念也扩展为"国家重大科技基础设施"建设。

第三节　发布专项规划，进入快速发展期

快速发展期是指从"十一五"到"十三五"的15年。这一时期，我国将实现全面建成小康社会目标，为开启全面建设社会主义现代化国家新征程奠定坚实基础。随着建设创新型国家战略目标的确立，经济社会发展对科技的需求更加紧迫。这一时期，在设施布局建设方面，实现了由"一事一议"向"系统推进"的转变。

一、建设重大科技基础设施成为提升国家自主创新能力的重要举措

"十一五"期间，国家发布《国家自主创新基础能力建设"十一五"规划（2006—2010年）》，把重大科技基础设施建设作为提升创新能力的重要举措。随着《国家中长期科学和技术发展规划纲要（2006—2020年）》的颁布实施，我国开启了按五年计划系统布局建设重大科技基础设施的历程。规划布局建设了散裂中子源、强磁场装置、大型天文望远镜、极低频电磁探测网等12项重大科技基础设施。除抓紧国内设施建设外，我国还在建成托卡马克实验装置的基础上，以全权独立成员的身份，出资参加重大国际科学合作计划——国际热核聚变试验堆（ITER）项目的建设，成为其重要实验平台且不断取得新的突破。

这期间，随着科技进步和国家发展的需要，多个学科领域、多功能类型的设施有了进一步的发展。设施总体上仍以跟踪模仿为主，但学科领域不断扩大，形态逐渐多样，技术水平也迅速提升，在管理、工程、人才及成果等方面取得了长足进步，核聚变等领域已经出现了重大原始创新苗头，并在国际大科学工程中发挥更加关键的作用。

党的十八大以来，我国首次发布《国家重大科技基础设施建设中长期规划（2012—2030年）》和《国家重大科技基础设施建设"十三五"规划》，国家重大科技基础设施有了专项规划，明确了中长期发展目标。"十二五"以来，国家陆续投资300多亿元，建设硬X射线自由电子激光装置、综合极端

条件试验装置、海底科学观测网、高海拔宇宙线观测站、聚变堆主机关键系统综合研究设施等 20 余项高水平重大科技基础设施，在预研基础上支持建设了高能光源，还升级了运行效益突出的上海光源、子午工程、授时系统等设施。

二、设施领域覆盖、综合性能和综合效应全面提升

我国重大科技基础设施建设已经步入自主创新、自主研制、自主建造的新阶段，整体综合性能已处于国际先进水平，一些设施具备了国际领先的基础和条件。研究领域覆盖了能源、材料、粒子物理与核物理、空间与天文、生命、地球系统与环境、工程技术等七大学科领域，推进我国研究活动从分散和孤立的小范围协作逐渐走向整体性、系统性和集成性较强的大规模研究。粒子物理与核物理、空间与天文等优势领域的设施建设得到进一步巩固和发展，工程技术、地球系统与环境等薄弱领域得到加强，科学技术原创性更强，越来越多设施的技术水平进入全球领先行列。

"十一五"规划以来，我国布局建设了强磁场、散裂中子源、中国"天眼"、硬 X 射线自由电子激光装置、高能同步辐射光源等一批综合性能处于国际先进水平的设施，推动我国重大科技基础设施综合性能迈上新台阶。例如，中国"天眼"具有观测视角广、灵敏度高、范围广等特性，主要指标性能全球领先，已成为人类捕捉外太空电磁信号、窥探宇宙奥秘、研究星体起源的"重要武器"。我国散裂中子源已成为世界一流的中子散射多学科研究平台，为国内外科学家提供了世界一流的中子科学综合实验基地。我国自主研制、素有"人造小太阳"之称的全超导托卡马克核聚变实验装置，成功实现稳态高约束模式等离子体运行 403 秒，为人类开发利用核聚变能、永久摆脱能源困境创造可能。

进入 21 世纪，围绕战略高技术向深空、深海、深地、深蓝拓进的需要，国家布局建设了一批重大科技基础设施。在深空领域，布局建设了子午工程、中国"天眼"、郭守敬望远镜、空间环境地面模拟装置等设施，为载人航天、卫星发射、登月等工程实施提供支撑。在深海领域，布局建设海洋科学综合考察船、海底科学观测网等，为探索深海奥秘、开发海洋资源提供了有效手段。在深地领域，布局建设了中国大陆科学钻探工程、大陆构造环境监测网络、极低频探地工程等设施，为地球深部资源探测和开发利用提供技术支撑。在深蓝领域，布局建设了未来网络等设施，为抢占未来互联网发展战略制高点提供试验平台。

依托设施引进培养一批高水平人才和创新团队。设施从预研立项到建设再到运营，既要有团队核心科学家、学科带头人，又需要工程人员、实验人员、管理人员等组成团队服务科研，并支撑相关领域、学科培养高水平人才团队。自2006年以来，国家重大科技基础设施支撑产出的数百项科技成果获得国家自然科学奖、国家技术发明奖、国家科学技术进步奖。吴征镒和谢家麟两位科学家摘得了国家最高科学技术奖，20多位潜心设施建设的科学家当选两院院士，一大批中青年科学家成长为我国科技事业发展的领军人才。设施的建设，涌现出以南仁东为代表的改革先锋和时代楷模，他们的先进事迹激励和鼓舞着一代代科学家砥砺前行、科学报国。稳态强磁场装置通过着力引进海外高端人才、注重高层次人才的培养，依托强磁场装置的多学科研究队伍已初具规模，科研工作成效显著。超导托卡马克装置的建设和运行，培养出一支稳定的、整体配套的、年龄结构合理的聚变工程技术人才队伍。

设施服务经济社会发展重大需要。设施作为前沿科学探索的必要工具，不仅在国家战略、社会经济等方面发挥着重要的作用，而且在社会稳定健康发展、国家安全等方面也起到不可替代的作用。重大科技基础设施建造本身就是攻关行动，大量设施在建造过程中都要解决一大批关键核心技术问题。例如，稳态强磁场实验装置建设过程中，成功突破了800毫米孔径、磁场强度10特斯拉的铌三锡超导磁体设计及加工等技术难关，打破国际技术封锁，带动了西部超导等一批国产装备企业的发展。又如，高能同步辐射光源验证装置，国内首次实现加速器小孔径真空室内壁镀膜，打破国际垄断禁售，推动了我国超高真空领域技术的发展。

重大科技基础设施建设期采购大量技术含量特别高的部件，运行期面向社会开放共享，有力地支撑和带动了企业技术开发，推动了产业向价值链中高端跃升。例如，我国科技人员依托合肥光源，研制出煤基合成气直接制备烯烃成套技术，被誉为"煤转化领域里程碑式的重大突破"。上海光源产生的同步辐射光，帮助科学家开辟了天然气、页岩气高效利用的新途径。又如，上海光源、蛋白质设施丰富了医药企业新药研制手段，吸引了一大批国内外知名医药企业集聚，支撑首例中国抗癌原创新药在美国获批上市，助推上海成为我国新药创制高地。依托兰州重离子加速器研究装置开展重离子治疗人体肿瘤取得成功，打破国际同类装置垄断，建成中国医用重离子加速器，使我国成为世界第四个掌握重离子治癌技术的国家。超导托卡马克装置自主设计建造了全超导托卡马克装置和多个大规模实验系统，带动我国超导行业实现快速高水平发展。500米口径球面射电望远镜（FAST）实现超大跨度、超高精度、超强疲劳性主动变位工作模式的索网结构,以及 FAST 柔性六索并联系统、大尺度高精度实时测量系统三项核心技术自主创新。其索网的成功研制,推动我国索结构工业由粗放式管理向精细化管理转变,为建造高难度跨江跨海大桥等基础设施提供了解决方案。再如,重大科技基础设施积累和搜集数据,为防灾减灾工作提供了有效决策支撑。中国遥感卫星地面站可以实时和近实时传输处理多波段、高分辨率、全天候、全天时、覆盖全国疆土的遥感观测数据,为农业、民政、环保、国土资源部门开展资源调查、环境监测、国土普查、河流海洋污染监测,以及自然灾害的监测评估等工作提供了强大的数据支撑。地球系统数值模拟装置将研究地球系统的大气圈、水圈、冰冻圈、岩石圈、生物圈等各圈层之间的相互联系和相互作用,探索其对地球系统整体和我国区域环境的影响,为我国防灾减灾、应对气候变化、大气环境治理等重大问题提供科学支撑。

三、形成覆盖决策、建设、运行等设施全寿命周期的管理规范

2014 年,国家出台了《国家重大科技基础设施管理办法》,进一步明确了国家发展和改革委员会会同财政部、科技部、国家自然科学基金委员会等部门领导、主管部门负责、建设单位实施的重大科技基础设施建设三级管理体系,形成了覆盖决策、建设、运行等设施全寿命周期的管理规范。

设施在建设和运行的过程中,涉及科研、工程和管理等一系列综合问题,从科学预研、工程建设到运营管理,设施的全寿命周期管理对国家科技计划、科技项目以及区域科学资源布局都有很好的借鉴意义。

四、央地协同发力支持设施建设

重大科技基础设施具有明显的创新集聚效应,在设施集群基础上建设的综合性国家科学中心,成为引领带动地方经济社会发展的重要引擎。国家启动建设综合性国家科学中心,分别在 100 平方千米左右的范围内,集聚重大科技基础设施、科教基础设施、高等院校、科研院所、产业创新平台、创新创业基地等,正在逐步形成集基础研究、应用基础研究、产业技术开发、成果转化应用于一体,相互交叉融合、互为补充支撑的"四个圈层"发展格局,大大提高了科技成果质量和转移转化效率,有力支撑了重点区域创新发展,综合性国家科学中心成为我国参与全球科技竞争的代表。国家在设施选址方面,实现了由"不加干预"向"引导集聚"的转变。地方对科技创新驱动发展的重大需求催生了地方政府引入设施的极大热情,对设施发展既是重大机遇,也是挑战。多

地对设施的建设配套和预先研究投入大幅增加，但稳定性投入机制和风险控制机制还有待进一步完善。

五、发展趋势：围绕"四个面向"的转型发展期

综上所述，半个多世纪以来，我国重大科技基础设施的发展历程印证了国家科技和经济实力的巨大变化。设施建设与国家重大需求的结合更加紧密、与前沿科学目标的联系更加紧密，建设质量和水平也不断提高，在许多引领性基础研究前沿取得开拓性的重大突破，抢占战略高技术发展先机，为支撑国家战略需求发挥了重要作用。面临新形势、新问题、新挑战，设施布局将注重综合效应而不局限于学科，围绕"四个面向"规划部署设施建设（表4-1）。

表4-1 "十四五"规划和2035年远景目标纲要的重大科技基础设施专栏

类型	内容
战略导向型	建设空间环境地基监测网、高精度地基授时系统、大型低速风洞、海底科学观测网、空间环境地面模拟装置、聚变堆主机关键系统综合研究设施等
应用支撑型	建设高能同步辐射光源、高效低碳燃气轮机试验装置、超重力离心模拟与试验装置、加速器推动嬗变研究装置、未来网络试验设施等
前瞻引领型	建设硬X射线自由电子激光装置、高海拔宇宙线观测站、综合极端条件实验装置、极深地下极低辐射本底前沿物理实验设施、精密重力测量研究设施、强流重离子加速器装置等
民生改善型	建设转化医学研究设施、多模态跨尺度生物医学成像设施、模式动物表型与遗传研究设施、地震科学实验场、地球系统数值模拟器等

第四节 我国重大科技基础设施布局建设的若干启示

如同国际上重大科技基础设施建设起源于"曼哈顿计划"，我国重大科技基础设施建设起源于"两弹一星"。在国际形势严峻和科学基础薄弱的情况下，我国重大科技基础设施建设依靠自主创新和国际合作，不但突破了国际封锁，还取得了重大的创新成就，培养了队伍，形成了较强的经济社会影响，打造了一批国之重器，形成了较为完整的学科和功能体系，区域空间布局也呈现集聚化优化发展的态势。主要的经验如下。

一是始终围绕国家重大战略需求。从中华人民共和国成立初期至今，重大科技基础设施不但为我国打破了核威胁、核垄断，而且为攀登现代科技高峰奠定了坚实的基础。从发展历程来看，设施始终是支撑大国核制衡、空间制衡的重要手

段，持续支撑我国能源安全、海洋安全、农业安全、生物安全、重大工程安全、防灾减灾等战略和应对气候谈判等挑战，始终致力构建试验验证技术体系、有效突破重大核心关键技术、服务战略产品研制等，是应对大国博弈和推进我国长期可持续发展的有效工具。

二是高效利用并推进国际科技合作。改革开放以来，中美高能物理、空间科技领域的国际合作，为我国设施起步时期的北京正负电子对撞机、遥感卫星地面站的建设奠定了技术和人才的国际合作基础。近年来，依托超导托卡马克装置、大口径天文望远镜积累的技术基础，我国从项目酝酿、建设到管理，全程参与国际热核聚变实验和超大型天文望远镜建造并扮演重要角色，培养了国际化人才团队，吸引等离子体物理专家和天文物理专家来华研究，大大提升了我国相关物理领域的研究水平。目前，我国的中微子装置已经构建了以我为主的国际合作研究模式，可见，通过开放国际合作实现高水平建设研究一直是我国设施发展的重要原则。

三是发挥中国特色的集中力量办大事管理机制。在我国领导人"科学技术是第一生产力"的重要论断和科教兴国、创新驱动发展等国家战略的指引下，设施的投入、管理、布局逐步完善。"九五"以来，逐步建立健全了决策集中、系统规范、协同高效的多层次管理体系。特别是党的十八大以来，我国组织相关力量编制的设施中长期规划，形成了领域均衡、梯次发展的设施布局体系，构建了多部门协调、覆盖设施全寿命周期的管理体系。从建设效率上看，以 FAST 这一世界上最大的单口径射电望远镜为例，20 世纪 90 年代初，FAST 和 SKA 这一世界最大的综合孔径射电望远镜同时动议，FAST 于 2004 年完成选址，建设时间 5.5 年；而 SKA 直到 2012 年才完成选址论证决策，建设时间二期合计 17 年。FAST 之所以后来居上，与我国政府高效决策、集中推进的有效机制和科学家主动作为的强烈意识是分不开的。

四是有效发挥中国科技资源特色优势。在生命、地球与环境等领域，我国对资源有效治理的需求十分迫切，同时，幅员辽阔、矿藏物种丰富的研究对象优势也十分明显。西南种质资源库是保藏能力达到国际领先水平的亚洲最大野生生物种质资源收集、保藏机构，保存的野生植物种子占我国种子植物总数的 1/3，形成与英国千年种子库、挪威斯瓦尔巴全球种子库齐名并各有侧重的保藏体系。中国大陆科学钻探工程在大别－苏鲁超高压变质带这一世界上规模最大的超高压变质带中打下国际大陆科学钻探计划 20 多个项目中最深的科学钻井，推进了地球深部动力学过程和大陆动力学理论。

第三部分 重大科技基础设施的管理

第五章

重大科技基础设施的宏观管理机制

第一节 美国重大科技基础设施的管理策略

美国是世界头号科学技术强国。"大科学"是从第二次世界大战后美国的"曼哈顿计划"发展而来的。美国的设施布局瞄准"全面领先、全球布局",虽然经历了20世纪90年代对大型对撞机项目终止的政策调整,但以美国能源部国家实验室和美国国家科学基金会为代表的设施体系不断引领和更新大型设施,代表性设施包括国际空间站、哈勃望远镜、散裂中子源、高能光源等。从总量看,美国至今仍是全世界设施投入最高的国家,也是主要国家中唯一采取多部门分散投入的国家,大设施主要分布在美国能源部、美国国家科学基金会、美国卫生部等部门,仅美国能源部所属在运行的大设施就有187个[1],包括用户设施、研发协议设施、对外共享研发设施、特别应用设施等类型。

一、从规划看,美国持续使用规划和评估工具推进设施管理

美国能源部于2003年发布《未来科学装置:20年展望》,分近期、中期、长期部署了未来20年的28个项目,其涉及的学科领域包括聚变能科学、先进科学计算研究、材料科学、生物和环境研究、高能物理和核子物理。根据它们的科学重要性和建设准备情况,科学家将这些设备建设进行了分类,提出了"确保美国在进入21世纪仍能保持其在关键科学技术区域首要地位"的科学领域。2007年,美国能源部公开发布了《四年之后:对〈未来科学装置:20年展望〉的内部报告》,该报告主要对设施的建设运行进展情况进行评估,并未对设施的规划

---

[1] 数据来源于美国能源部 Facilities Database 数据库。

布局进行修改。之后,美国能源部并未公开发布或更新设施规划。

二、从投入看,研发设施投入保持稳定,略有下调

美国白宫预算办公室历年公布的财政预算显示,对于研发设施设备[①]的投入规模、经费总额和政府研发投入占比呈现稳定且略有下降的趋势。2015—2019年,年均投入25.72亿美元,保持着全世界最高的设施投入。5年平均投入比例占政府当年R&D预算的约1.74%。2019年列入研发设施设备投入预算23.71亿美元,占政府研发投入预算的1.5%(图5-1)。

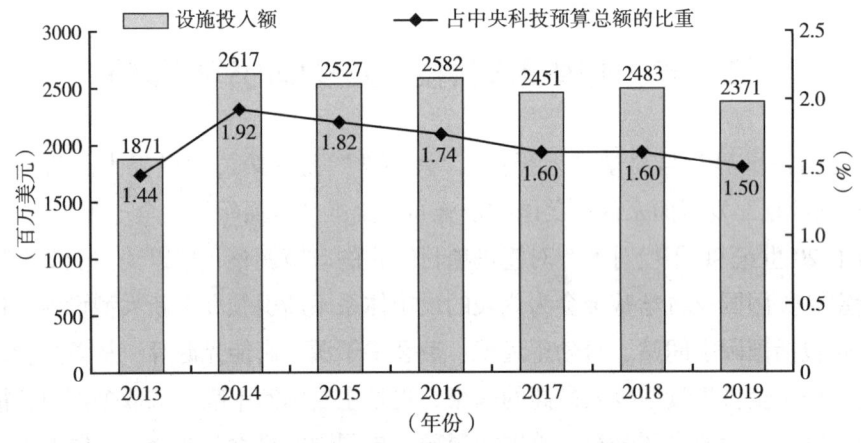

图 5-1 美国的设施投入额与占中央科技预算总额的比重

来源:美国白宫预算办公室。

(一)美国能源部预算稳步提升且设施投入翻倍

2018年,美国能源部获得拨款345亿美元,比2017年增加12.3%,占当年政府研发投入的13.9%。一是以能源科学统筹基础学科。持续运营国家实验室,投入全球领先的科技研发设施和项目。美国科学实验室基础设施费用增长97.9%,高级科学计算研究费用增长25.2%,聚变能源科学费用增长40%。超级计算机投入18亿美元,占当年美国能源部预算的5.2%,量子信息技术投入2.48亿美元,基于计算机的材料学和化学投入7560万美元。二是重视核安全。美国

[①] 这里的研发设施设备包括用于研发活动的所有物理设施的购置、设计和建造,或对其进行重大维修或改造。无论是由政府使用还是由私人组织使用,也无论该财产的所有权在何处,包括土地、建筑物和固定资本设备等,如反应堆、风洞和粒子加速器。因此,该数据在一定程度上能够反映美国总体对设施的投入情况。

国家核安全局（NNSA）拨款147亿美元，同比增长13%，主要用于更新老化的核武器和相关基础设施，并支持科学和工程研发，以保持安全、有保障和有效的核威慑力量。三是构建国家能源安全协调机制。2018年2月，美国能源部建立了一个新的部门——网络安全、能源安全和应急响应办公室（CESER），经费9600万美元，以加强其在网络和能源安全方面的能力。

（二）美国国家科学基金会重视中型设施和海外布局

一是固定科目支持大型设施。1995年，美国国家科学基金会专门为资助基础研究领域的大设施建设设立了大型科研仪器和设施建设计划（MREFC），通过发布年度《大设施计划》（*Facility Plan*），梳理处于预研、建设和已经完成阶段的项目。MREFC主要支持购买或建造开展科学、工程和技术研究探索所需要的主要研究设施和仪器，包括望远镜、地球模拟器、天文观测以及移动研究平台等各方面设施。二是关注中型设施的发展规划。2017年年初，《美国创新与竞争力法案》（AICA）中提出制定中型基础设施发展战略，将加大对中型研究基础设施的支持作为美国国家科学基金会未来十大投资方向之一。中型研究基础设施的成本为0.04亿～1亿美元，主要资助采购或开发可共用的单个仪器设备，如先进的光谱仪和电子显微镜；最高成本与MREFC的最低资助额相同。三是重视海外投入和全球化布局。2020年，美国国家科学基金会对旗舰设施账户预算进行了重大调整，58.6%投在南极设施（44%）和欧洲核子中心大型强子对撞机（14.6%）上。

（三）美国国立卫生研究院预算稳定且重视大科学计划

美国国立卫生研究院（NIH）是世界上最大的医学研究机构，目前有153位得到NIH资助的科学家获得诺贝尔奖，推动了核磁共振成像、癌症病例、脑科学等领域的发展。随着生物医学研究越来越依赖先进的仪器和计算设备，对研究基础设施的需求不断上升。NIH广泛支持旨在发展、扩大和刺激美国生物医学研究基础设施的项目，支持现有设施的重建、再创新、新建、更新换代，鼓励关键研究技术的发展，为生物医学研究提供多学科的资源。例如，资助了8个国家灵长类动物研究中心，使这些研究场所形成一个网络，向所有受资助的研究人员开放，且给予NIH研究人员优先访问的权利。

NIH近年的经费预算一直处于小幅稳步上升的状态。2020财年，NIH的预算金额达到343.67亿美元，基本与美国能源部预算持平。资助的优先领域包括大数据、成像技术、移动健康和人脑研究。2017年，NIH利用大科学计划方式主要资助的研究计划包括癌症登月计划（6.8亿美元）、精准医学计划（1亿美元）、人脑研究计划（1.95亿美元）等。

三、从组织看，美国国家实验室管理逐步演化完善

作为重大科技基础设施的承载机构，美国国家实验室在美国科学研究和国家创新体系中具有专门而独特的作用。除了提供大型仪器设备给大学和工业研究人员使用，还支持大规模、长期性、具有敏感性质的保密级研究。美国国家实验室经过75年的长期发展，形成了如今规模巨大、领域广泛的体系。

（一）以满足国家的战略需求、解决国家面临的重大挑战为己任

自成立以来，美国国家实验室的使命随着国家不断变化的需要而演变，从最初的武器研制，到原子能的和平利用，到太空竞赛、环境问题，再到能源危机，在发展过程中，关于国家实验室的角色、任务及相关政策与管理议题一直是美国政府内外不断讨论和评估的问题。国家实验室的使命不仅是围绕国家任务开展核科学及相关学科的理论与应用研究，而且通过仪器设备共享，与大学、企业建立广泛的联系。各实验室在努力保持自身优势的同时，广泛开展合作。

（二）不断突破旧模式的局限，拓展应用导向的核心能力

美国国家实验室起源于"曼哈顿计划"，但突破了"曼哈顿计划"任务导向集中化模式的局限。面对核领域更广阔的发展和相关领域的科学技术问题以及不断变化的国家需求，既要保持一定的任务导向的集中攻关模式，也要有促进新突破、新应用以及可持续发展的组织和机制设计。在明确政策的原则下，鼓励实验室及科学家的自由竞争；在坚持基本使命（原子能的军事和民用应用）的情况下，吸取科学家的意见（如建造大型仪器）；不固守传统的做法，如实验室集中化管理；根据国家需求和国际环境的变化，突破原有设计的局限，开辟新的方向。美国能源部的国家实验室，包括那些从事最高度机密研究的实验室，大多数是根据管理与运营合同，由大学或大学协会经营，或是与大学合作的非营利性或营利性机构经营。1980年通过的《史蒂文森-魏德勒技术创新法案》要求国家实验室要设有技术转移办公室，主动识别潜在的商业化技术，并将其转移到产业中去。

（三）始终突出人才的重要性

美国国家实验室部署了许多学科的专家和大团队，因此，面对新的任务和难题，政府拥有一批能够支配的高度熟练的科学家和工程师队伍，仅美国能源部国家实验室雇用的科学家和工程师就超过30000名。实验室主任的领导能力和管理才能出色，科学视野开阔，不仅对科学发展方向有很好的判断力、科研组织管理才能出众，而且具有企业家精神，能说服政府和国会投资有前景的项目。在人才

战略方面，美国国家实验室不但为完成政府的项目任务而招募使用人才，而且会从实验室建制化本身的要求出发，招募和使用最好的科学家，由实验室主任自由量裁地决定他们的使用。为了能吸引和留住人才，美国国家实验室采取了所谓的"方便科学家"模式，即允许科学家做自己想做的事，这样可以使实验室成为吸引一流科学家之地，而且在需要的时候，也可以很容易地动员科学家解决任务难题（Westwick，Peter J.，2003）。

（四）持续应对实验室复杂管理挑战

美国能源部作为世界上拥有高水平大科学装置最多的一个政府部门，工程按期、按预算、确保质量实现建设目标依然是严峻的挑战（美国审计署，1999）。1980—1996年，美国能源部批建了80个大科学工程，其中有31个项目因预算严重超支而终止，在建的34个项目中有27个项目平均超支70%，几乎所有的项目都逾期。可见，提高大项目管理水平和实施效率，成为世界各国普遍关注、必须要解决的问题。在研究过程中，要密切关注设施的复杂系统属性，借鉴复杂系统的管理方法，提升设施建设的水平和效率。

第二节　欧洲研究基础设施的管理策略

第二次世界大战后的欧洲，迫于战后重建以及"冷战"的国际形势，开始探索在各国资助的同时，以跨国开放合作的方式建造大型科研装置，成立欧洲级研究组织，共同建造规模大、造价高、运行维护费用昂贵的大型科研基础设施，从而在粒子物理、天文、光子、能源等花费昂贵的研究领域，合力提升欧洲的研究水平，使欧洲能够成为与美国抗衡的"科学极"。目前，欧洲在统一框架内推动重大科技基础设施的发展，不断制定、更新路线图。目前路线图中有自然科学设施48个，总体规模与我国现有规模持平。其中，在建和运行的"旗舰项目"有32个，新立项的项目有16个。在路线图项目选址方面，既体现了发挥传统科技强国的作用，大量布局在英、法、德等国，又重视利用欧盟结构基金、欧洲投资银行等手段，支持设施建在中欧、北欧、东欧等地区，实现区域融合、减少区域差异。

路线图明确设施的定位为：保证设施在正确时间和正确地点拥有正确人员、平衡和整合设施与数字化设施的转化运行、充分发挥设施作为创新中心的潜力、证明设施的经济社会价值、在全寿命周期建立有效的治理和可持续长期投入机制、促进国家和欧洲级设施之间的协调等。

一、从规划看，利用欧盟设施路线图实现整合的欧洲研究领域

欧盟积极在统一框架内推动重大科技基础设施的发展，欧盟理事会于2002年成立了欧洲研究基础设施战略论坛（ESFRI）。该论坛是发展欧洲科学一体化和加强国际推广的战略工具，站在欧洲和全球科学政策的前沿，致力将政治目标转化为在欧洲实施的具体建议。

欧盟将研究基础设施（Research Infrastructure，RI）作为解决人类长远发展问题的必要手段，并着力推进跨国的共建和共享。2006年，欧洲研究基础设施战略论坛发布了关于下一代泛欧洲研究基础设施建设和发展的路线图，明确了未来10~20年为满足欧洲科学研究需求拟建设的35项重大科技基础设施。该路线图分别于2008年、2010年、2016年、2018年和2021年进行了更新，其中包括旨在培养欧洲在广泛科学领域领导力的项目和里程碑。在欧洲级设施的使用方面，欧洲研究基础设施战略论坛研究创建欧洲研究基础设施开放获取宪章。

与国家规划更强调战略性相比，欧洲路线图更加强调基础性、关联性、体系化，在如何实现设施"整合"、建立跨领域设施间联系等方面，提出一系列的政策方法，意在建立一个欧洲创新生态系统。欧洲路线图推动了领域整合。从建立和完善国家创新系统的角度来看，欧洲路线图较各科技强国的国家路线图更有参考价值。2018年规划强调已立项项目清单体系，首次对设施跨领域发展提出了系统化思路对策；强调领域分析，给出了各领域现状挑战、解决手段、发展步骤；提出"弥补短板"的新项目；将材料科学与天文、粒子、核物理整合为物理科学与工程。欧洲路线图统筹考虑了建设投资和运行投资。合计建设投资164.37亿欧元，运行成本为18.26亿欧元，项均3.42亿欧元。从已实施的项目来看，运行成本约占建设投资的11.1%。2021年规划围绕数据计算与数字化科研基础设施、能源、环境、健康与食品、物理科学与工程、社会与文化创新等6个科学领域，公布了22个在建的欧洲研究基础设施战略论坛项目设施和41个已经实施或达到高级实施阶段的欧洲研究基础设施战略论坛地标设施，其中，有11个项目设施新写入路线图。

随着各学科领域的发展，设施的内涵和角色也在不断演化。欧盟将设施分为3类：大型设施、知识资源（类似科技条件平台）、数字化设施。数字化设施已经成为重要的发展方向。欧洲高度重视推进建设开放研究数据系统，建立了欧洲开放科学云（EOSC）。欧洲路线图提到，应推进建立设施的开放创新模型，在作为新知识供给工具的同时，也作为创新技术的有效试验工具。应加强设施与工业的联系，包括直接采购产业部件、支持产业技术试验、竞争前研发合作等方面。

当前，与工业 4.0 智慧工厂标准相关的技术正在设施中试验或提前试制。

二、从投入看，呈现不同领域、不同形态的差异化投资

粒子物理、天文和能源领域等传统大设施领域，设施形态是单体的，项均投资大；生命、环境等新兴大设施领域，设施形态多是分布式，项均投资较小。从 2018 年规划来看，传统领域设施投资约是新兴领域的 5 倍。

从领域看，领域间投资呈现很大差异。物理科学与工程领域 14 个项目项均投资 6.75 亿欧元，能源领域 6 个项目项均投资 5.39 亿欧元。代表性设施包括欧洲散裂中子源（18.43 亿欧元）、朱尔斯-霍洛维茨反应堆（18 亿欧元）、欧洲 X 射线自由电子激光装置（14.9 亿欧元）、高亮度大型对撞机（14.1 亿欧元）、极限大型望远镜（11.2 亿欧元）等。相比之下，环境领域 11 个项目项均投资 1.44 亿欧元，生命领域 16 个项目项均投资 1.2 亿欧元。代表性设施包括欧洲二氧化碳捕获和存储实验设施、极强激光设施、欧洲板块观测系统、欧洲先进医学转化研究设施等。

从形态看，48 个项目中仅有 14 个项目是单体的，数量仅占约 30%，投资约占 47%，项均投资 7.23 亿欧元，主要集中在粒子物理、天文和能源领域。其余 34 个项目是分布式的，项均投资 1.86 亿欧元，主要集中在生命、环境领域。通过分布式设施实现对欧洲研究领域（ERA）的整合，是欧洲路线图的主要意图。

三、从组织看，致力建设科学组织可持续治理模型和法律框架

第二次世界大战后建立的欧洲科学组织——欧洲国际研究组织联盟（EIRO）的 8 个成员组织包括欧洲核子中心、欧洲南方天文台、劳厄-朗之万研究所、欧洲分子生物学实验室、欧洲航天局、欧洲同步辐射光源、欧洲核聚变联盟、欧洲 X 射线自由电子激光装置公司（非营利）（表 5-1）。

表 5-1 欧洲国际研究组织联盟管理的欧洲研究组织[①]

研究组织	成立时间	研究领域	研究设施	地点	构成	使用情况
欧洲核子中心	1954 年	粒子物理、核物理	大型强子对撞机	瑞士日内瓦	22 个成员国	来自 100 多个国家 500 多所大学的 13000 多名用户

[①] 8 个国际组织具有大型研究基础设施方面的综合能力。在整理研究基础设施系统方面，EIRO 的设施工作组从事两类活动：一是发展 EIRO 的专长领域，识别出合作能够带来更多收益的领域；二是通过学校、工作组和数据库，支持有效的信息交换。这些活动是为了构建更加紧密的欧洲研究网络。

续表

研究组织	成立时间	研究领域	研究设施	地点	构成	使用情况
欧洲南方天文台	1962年	空间天文	ALMA等多个望远镜	德国加兴（近慕尼黑）	14个成员国	
劳厄-朗之万研究所	1967年	中子科学	40多个设施，如中子源	法国格勒诺布尔	3个成员国、11个合作国	每年1500位来自40多个国家的用户开展800多个实验
欧洲分子生物学实验室	1974年	分子生物学		德国海德堡、法国格勒诺布尔、德国汉堡等地	20个成员国	
欧洲航天局	1975年	空间科学		法国巴黎及7个分中心	22个成员国	
欧洲同步辐射光源	1988年	光子科学	欧洲同步辐射光源	法国格勒诺布尔	13个成员国、9个合作国	每年9000位科学用户
欧洲核聚变联盟	1999年	核聚变科学		英国牛津郡		
欧洲X射线自由电子激光装置公司（非营利）	2009年	光子科学	欧洲X射线自由电子激光装置	德国汉堡	12个成员国	

来源：根据EIROforum网站信息归纳。

这些组织有3种治理方式：一是签订欧洲国际组织协议。欧洲核子中心于1954年成立，是第二次世界大战后成立的第一个欧洲科学合作机构，之后被作为欧洲航天局的模板。欧洲航天局由欧洲发射组织和欧洲空间研究组织于1975年合并建成。欧洲南方天文台、欧洲分子生物学实验室分别是1962年和1974年在国际协议签订下建立的。以上4个欧洲国际研究组织采用了同一种法律组织和治理模式。组织建立了可持续资助模式，如欧洲分子生物学实验室5年象征性计划，以5年为期提出计划要求，来确定最大资助力度。二是所在地国家的非营利公司。劳厄-朗之万研究所和欧洲同步辐射光源是法国法律框架下成立的非营利公司，分别成立于1967年和1988年，相隔21年。三是由欧洲组织转为多方协议。欧洲核聚变联盟的前身是1978年在欧洲原子能共同体协议下成立的欧洲联合环（JET），1999年通过多方协议建立了欧洲核聚变联盟。

以成功的欧洲科学组织的治理方式为模板，欧洲发展了欧盟研究基础设施联盟。欧盟研究基础设施联盟是一个被所有欧盟成员国认可的、具有法律人格和完全民事行为能力的法律实体。其基本的内部结构非常灵活，让成员通过案件确立法规、成员权利和义务、联盟主体和能力。联盟成员的责任通常会与各自的贡献关联。联盟具有国际组织对公共采购的资格，免征增值税和消费税，采用透明的采购程序，尊重非歧视和竞争原则，但不适用于在欧盟国家法律中另外有规定的情况。欧盟层面资助大型科研基础设施的资金主要来自欧盟研发框架计划、欧盟结构基金、欧洲投资银行等。

第三节　德国和法国研究基础设施的管理策略

德国是传统科技创新强国，其特有的科学、技术、产业与国家战略结合的体制，使它在第一次世界大战中的优势明显，但德国在第二次世界大战中流失大量科技人才，晚于美国研制出原子弹而在战争中处于劣势，战后战略科研发展受到遏制。第二次世界大战后，德国凭借卓越的技术研发和制造加工能力以及完善的国家创新体系，在科技投入策略中重视设施布局投入。在欧洲科学一体化的进程中，争取承建欧洲路线图中的欧洲级设施。截至2023年10月，有运行、在建、规划设施80余个，包括欧洲X射线自由电子激光装置、电子同步辐射加速器、欧洲极大望远镜等具有全球影响力的重大科技基础设施。

法国是传统科技强国，在民用核能、航空航天、交通运输、农业等领域优势明显。第二次世界大战后，法国政府注重发挥国家统筹作用，将有限的资金和科技资源集中在核心领域。20世纪80年代后，法国调整科技政策，除在核能、航空航天等战略性领域继续实行国家主导外，政府对其他科学研究领域设施强调自由发展的松散式管理。在欧洲科学一体化的进程中，法国争取承建欧洲路线图中的欧洲级设施，欧盟也将与核相关的设施较多地布局在法国。法国着眼全球，从长远战略考虑，集中中央和地方力量，强化集成法国科研体系与欧洲研究区，最大限度地利用外部科技资源。截至2023年10月，有运行、在建大型研究基础设施99个，代表性设施有国际热核聚变反应堆、欧洲同步辐射光源、劳厄-朗之万研究所、朱尔斯-霍洛维茨反应堆。

一、从规划看，采用制定和更新路线图的方法

随着大型科研基础设施建设和运行费用的持续增加，德国联邦教育及研究部认为，在国家层面甚至欧盟层面统筹计划、运行和使用这些基础设施条件十分必要，于是委托德国科学委员会对大型科研基础设施的建设和运行情况进行全面评

估，并制定了新的大型科研基础设施路线图。新的路线图是在综合权衡大型科研基础设施的总体需求、科学潜力及其对德国科技强国地位的意义等情况的基础上制定的，明确了建设重点和方向，是对大型科研基础设施建设作出的长远政策决策。路线图确定了27个重点项目，涉及深海科考船、大气研究基础设施、医学研究装备和计算机模拟，以及人文和社科等领域的研究平台。路线图新纳入了切伦科夫望远镜阵列（CTA）、欧洲化学生物学开放筛选平台（EU-Openscreen）、商用民航机全球观测系统（IAGOS）等项目，为与相关参与方和国外合作伙伴协商一致扫清了道路。

法国自2008年制定第一个研究基础设施路线图以来，分别于2016年、2018年两次对路线图进行更新。法国高等教育与科研部（简称"法国教研部"）发布《2018年国家研究基础设施路线图》，共收录法国99个研究基础设施，根据建设方与资金来源的不同，分为4类：国际组织（多国共同建设）、大型研究基础设施（法国教研部专款支持）、普通研究基础设施（法国科研机构建设）和拟建的研究基础设施。新增了"数据基础设施"类别，并将原来归类于"数学"领域的若干重大设施重新纳入这一新增类别单独管理；其目的是响应欧洲"地平线2020计划"提出的数据管理计划，实现设施的安全互联，更好地管理重大设施产生的海量数据。路线图计算了研究基础设施的全成本，体现了研究基础设施的真实价值和设施的升级演变过程，并为国际谈判提供支持。经统计，2016年法国99个国家研究基础设施的全成本（不包括建设费）总共为13.38亿欧元。

二、从投入看，投入稳步提升、持续升级，积极承建和参建欧盟设施

德国在部门预算中单独设置大型设备科目，并保持大型设备投资额逐年稳步提升。近5年设施投入额平均为13.22亿欧元，占联邦政府研发支出的平均比重为5.54%。2019年，德国大型研发设备投入额约为14.02亿欧元，占联邦政府研发支出的比重达到5.51%（图5-2）。

德国在提供和利用重大科技基础设施方面在欧洲发挥着主导作用，这源于德国一直非常重视设施建设和发展，在设施的规划和路线图方面有较长时间的研究和实践。德国路线图的27个重点项目中，有20个项目是与其他国家共同建设的。德国在物理设施方面的建造能力强，承建了切伦科夫望远镜阵列（4亿欧元）、欧洲X射线自由电子激光装置（14.9亿欧元）、反质子粒子研究设施等欧盟路线图设施，参与了欧洲长期生态系统、化学生物学开放显示平台、欧洲小鼠疾病模型设施、多尺度植物表型与模拟设施的建设。其中，欧洲X射线自由电子激

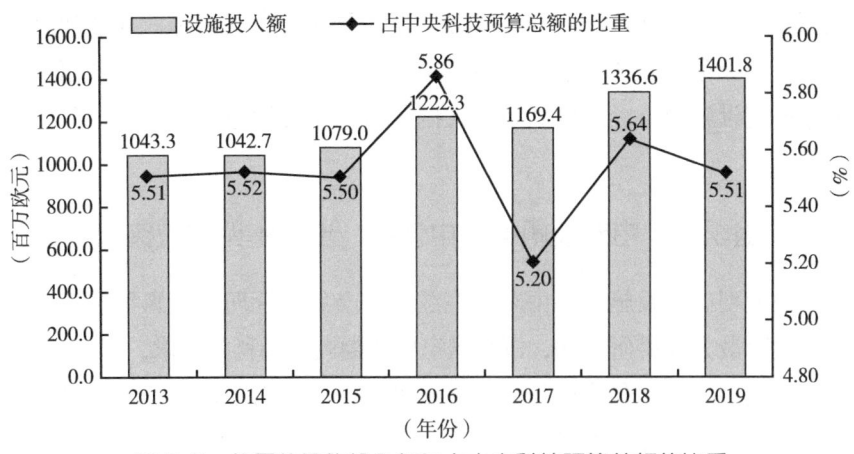

图 5-2　德国的设施投入额与占中央科技预算总额的比重

来源：德国联邦教育及研究部。

光装置是世界上第一个为生命和材料科学服务的超导硬 X 射线自由电子激光装置，已于 2017 年投入运行。该设施稳固了欧洲在加速器 X 射线源领域的领先地位，推进了凝聚态物理、材料科学、化学、结构生物学和药理学的前沿研究，以及探测器与加速器技术创新和向工业转移的进度。欧洲各大学和研究中心成立了联盟，为该设施开发仪器设备。

据法国科学与技术最高理事会估算，法国大型研究基础设施（包括国际热核聚变计划，但不包括空间研究设施）平均每年投入 13.5 亿欧元，约占民用研发经费的 15%（吴海军，2015）。法国于 2008 年制定了第一个研究基础设施发展路线图，之后分别于 2012 年、2016 年、2018 年对该路线图进行了更新。2018 年法国高等教育研究与创新部发布了《2018—2020 年法国大型研究基础设施国家战略暨发展路线图》。该路线图包括 99 个大型研究基础设施，涉及地球系统科学与环境、能源、生物健康、材料科学与工程、天文学和天体物理学、核物理与高能物理等领域。路线图将生物健康和环境定为未来 3 年优先发展的学科领域，这两个领域的设施占设施总数的 50%。

法国布局大型研究基础设施的条件之一是要与欧洲研究基础设施战略保持一致。由于在核物理与高能物理领域长期处于世界领先水平，法国承担了多项欧洲路线图项目，其中最具代表性的是朱尔斯 - 霍洛维茨反应堆（JHR）（18 亿欧元）、放射性离子系统二期项目（SPIRAL 2）（2.81 亿欧元）、欧洲同步辐射光源极亮光源（ESRF EBS）（1.28 亿欧元）、劳厄 - 朗之万研究所（ILL）续建项目

（1.88亿欧元）。法国还广泛参与了生命和环境领域分布式设施，如欧洲海洋生物资源中心、工业生命技术创新和合成生物学加速器、国际 ARGO 计划欧洲设施、欧洲临床研究设施网络、欧洲高致病性因子研究基础设施、生态系统分析和实验设施的建设。

三、从组织看，由专业机构集中管理，设施集聚效应突出

德国的大型研究设施主要由亥姆霍兹联合会集中管理。亥姆霍兹联合会是德国乃至全欧洲最大的科研机构，围绕国家中长期政治和科技需求，以规划、设计、运行和管理大型科研装备为己任，主要从事跨学科、周期长、需要大型科研装备的尖端技术和"大科学"研究，覆盖能源、环境、医学健康、物质、关键技术、航空航天与交通等领域；下设 19 个国家研究中心，拥有 4 万余名员工，每年的科研经费达到 45 亿欧元；拥有 6 台光源、4 台中子源、8 台离子源；定期制定和更新设施路线图（2011 年制定路线图，分别于 2013 年和 2015 年更新路线图）。

法国国际设施集聚效应突出，法国南部马赛附近的卡达拉舍建有世界上最大的国际大科学工程国际热核聚变反应堆（ITER），法国原子能委员会（CEA）建设的欧盟设施朱尔斯 – 霍洛维茨反应堆（JHR）也在这里，形成了能源领域高水平设施集群。ITER 正在由 35 个国家合作建造，旨在证明核聚变作为一种大规模、无碳能源的可行性，预计 2025 年形成等离子体。JHR 主要用于研究反应堆核燃料和相关材料在极端核辐射环境下的性能与变化，是提升核性能和评估核电厂安全、增强核技术可信度和公众接受度的关键研究设施。格勒诺布尔是世界知名的科学中心，被称为"欧洲硅谷"，欧洲同步辐射光源（ESRF）、劳厄 – 朗之万研究所（ILL）等具有代表性的欧洲国际研究中心均建在这里。格勒诺布尔运营着世界上最强大的反应堆源、运行水平最高的高能光源，长期处于世界光子、中子科技的前沿，支持欧洲研究人员在凝聚态物理学、化学、生物学、核物理学和材料科学等领域开展研究。

第四节　英国研究基础设施的管理策略

英国作为传统科技创新强国，获得诺贝尔奖的人数仅次于美国。2010—2017 年，英国对前沿科研基础设施的投入达 85 亿英镑（姜桂兴，2018）。受"脱欧"对经济的影响，英国 2015 年的 R&D 只有 1.68%，低于欧盟 28 个成员国 1.95% 的平均水平，更低于美国（2.79%）、德国（2.87%）、法国（2.23%）等

国家。为了弱化"脱欧"影响，重塑有影响力的创新大国的形象，2016 年以来，英国极大地提升了设施投入。凭借雄厚的研究基础，英国的设施科研投入仍有着鲜明特色，以"数字化设施"为牵引，不遗余力地布局生命、材料等新兴领域，代表性设施有钻石光源、散裂中子源、弗朗西斯·克里克研究所、亨利·莱斯先进材料研究所、平方公里阵列射电望远镜（SKA）总部、集成结构生物学设施（INSTRUCT）等。

一、从规划看，着力发挥设施集聚效应，重视牵头国际大科学设施

设施集聚包括空间集聚和领域集聚。在空间集聚方面，英国哈维尔科学和创新园区拥有钻石光源、脉冲中子源、英国激光设备中心等重大设施，着力发展空间、信息、材料、生命等产业集群。曼彻斯特附近拥有国家核能实验室中心实验室、亨利·莱斯先进材料研究所、生物技术研究所、曼彻斯特癌症研究中心等。在领域集聚方面，英国典型的新建项目有 2017 年正式运营的生物医药领域最前沿的弗朗西斯·克里克研究所。它是欧洲最大的单一生物医学研究机构，由英国 3 家最大的生物医学研究资助单位（医学研究理事会、英国癌症研究中心和威康信托基金会）和 3 所顶尖大学（伦敦大学学院、帝国理工学院和伦敦国王学院）相关部门合并而建成，拥有 1500 名员工，其中包括 1250 名科学家，投资将近 7 亿英镑。

面对"脱欧"给英国经济带来的持续负面影响，英国政府着力通过布局国际设施，如平方公里阵列射电望远镜、新极地研究考察船等，继续树立"全球化英国"的形象。SKA 项目是旨在建造地球上最大的射电望远镜的全球性项目，投资 10 亿欧元，设施建在南非和澳大利亚，但总部在英国。截至 2023 年 10 月，包括我国在内的 10 个国家为 SKA 提供资金，超过 100 个研究机构和工业组织、600 多名研究人员和工程师在 SKA 的初始阶段通力合作，设施将于 2027 年投入运行。英国还积极承建生命领域分布设施的总部/数据中心。分布式生命科学信息基础设施（ELIXIR）由 20 个国家和欧洲分子生物学实验室共同参与，投资 1.25 亿欧元，由一个设在英国的中心和欧洲多个节点组成，将相关核心生物信息学资源整合为一个单一的、协调的分布式研究基础设施，该设施已于 2014 年投入运行。集成结构生物学设施投资 4 亿欧元，提供了样品制备、细胞特征识别、数据分析等一系列技术和方法。该设施已于 2017 年投入运行，建立起广泛的国际合作伙伴网络，服务全球范围内的 35000 多名结构生物学家，同时，作为更广范围跨学科设施使用的公共平台，也广泛应用于药物研发。

二、从投入看，研发设施投入稳步提升、占比高，从欧盟的支持中获益颇丰，但受"脱欧"影响大

2016—2020年，英国资本性科学预算投资计划达到创纪录的59亿英镑，年均投入13.8亿英镑。分设两大基础设施基金：一是总预算为30亿英镑的"世界一流实验室"建设基金，用于现有科学基础设施的维护和翻新，确保英国开展杰出科研活动的能力，保持其卓越的科学研究与产出地位。获得"世界一流实验室"建设基金资助的机构可以根据自己的战略优先任务自由支配这笔经费。二是总预算为29亿英镑的"大挑战"基金，用于能源、先进材料、医疗卫生等重大战略优先领域的国家级项目建设（建设新机构或新基础设施），为英国科学界提供卓越的研究中心。"大挑战"基金项目的资本性开支以及任何相关的资源性开支，都必须在其商务论证得到政府批准后才能执行。此外，2017—2020财年，英国向数字基础设施投入108亿英镑，向能源基础设施投入571亿英镑。

英国科学技术装置委员会2013—2017年平均设施投入额为6.78亿英镑，占英国政府研发支出的平均比重约为9.97%（图5-3）。

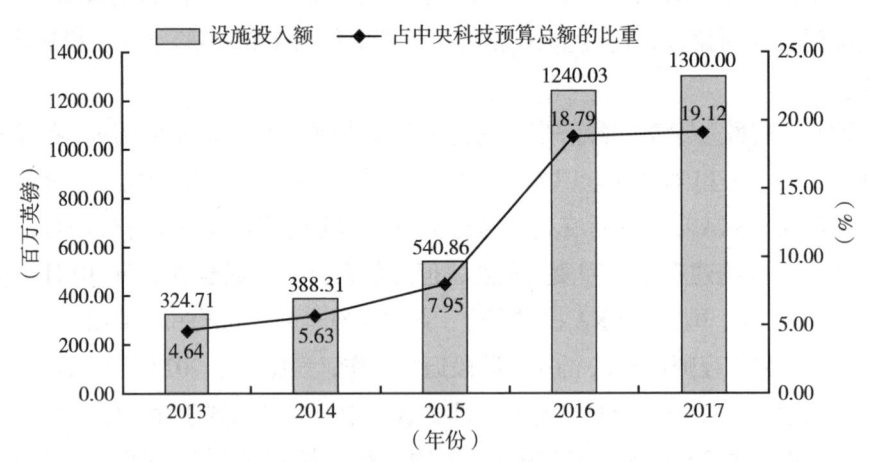

图5-3 英国科学技术装置委员会的设施投入额与占中央科技预算总额的比重

来源：英国财政部基础设施和项目管理局。

2007—2013年，英国为欧盟科技预算贡献了54亿欧元，却从欧盟获得了88亿欧元的资助，是欧盟科研项目的最大受益国之一。2017年2—9月与上年同期相比，英国从欧盟"地平线2020计划"中获得的项目数从15%下降到

12%，经费所占份额从 16% 下降到 13%。2017 年，英国皇家学会对英国 135 个研究基础设施的分析显示，现有研究基础设施中，69% 是国际性的，25% 隶属于英国，只有 6% 的研究基础设施归属于英国某个地方区域或机构。设施国际合作组织中，74% 的组织包括其他欧盟国家或欧洲经济区国家（EU/EEA）的成员，64% 的组织包括欧洲经济区国家（EEA）之外的成员。政府设施资助只占全部资金的 47%；设施还普遍获得来自大学和机构、企业、慈善机构和欧盟的资助，其中许多资助来自欧盟结构基金。总体而言，84% 的基础设施目前或曾从欧盟获得资金支持。从学科领域来看，能源（86%），生物科学、健康与食品（84%），物理科学与工程（89%）等领域均有超过 80% 的研究基础设施曾从欧盟获得过资金支持，而生态系统与地球科学领域所有的研究基础设施均曾获得过欧盟的资金支持。

  2017 年，英国的设施投入额约为 7.66 亿英镑。在投入结构方面，通过项目方式的投入额为 4.27 亿英镑，占研发设施投入总额的比重为 55.79%；而国家实验室固定投入额为 1.64 亿英镑，占研发设施投入的比重仅为 21.42%。国家实验室投入占比保持稳定，2013—2017 年，该占比的平均值为 21.08%。另外，2017 年的人员费用为 1.08 亿英镑，其占比为 14.09%；2013—2017 年的平均值为 14.53%（图 5-4）。

图 5-4　英国的研发设施支出占比（2013—2017 年）

来源：英国科学技术装置委员会年度报告（2013—2017 年）。

  2017 年，英国的研发设施收入为 0.8 亿英镑，其占研发设施支出的比例为 10.43%。在研发设施收入中，来自研发设备共享的收入占比最高，为 80.34%（图

5-5）。通过收取外部使用研发设施的费用，可在一定程度上缓解来自研发设施支出的压力，提高政府财政收入的使用效率。

图 5-5　英国的研发设施收入情况（2013—2017 年）

来源：英国科学技术装置委员会年度报告（2013—2017 年）。

三、从组织看，通过整合化、数字化提升研究能力

设施整合化和数字化具有诸多益处。一是能够大幅提高研究效率。跨领域研究界面需要对复杂需求建立更加潜在的联系，并整合可用资源，形成整合数据集，建立设施生态系统，从而更好地提升效率。二是产生的数据和知识大大拓展了研究和应用边界。目前，高通量测序技术在每次实验中都能以较低的成本产生数十亿个碱基核苷酸数据，已经彻底改变了从基础生物学研究一直到生物医学、生物技术、制药和农业食品应用的生物领域创新。不同组学平台、数据集和信息学相互融合的机会大大增加。成像技术产生的大量数据，正在以前所未有的细节揭示生命。三是增加了利益相关方参与研究、提升能力的机会。生命设施对实现数字化革命至关重要，核心数据资源的可持续性为相关学科和行业提供专业的再搜索服务和数据，通过存档、管理、集成、分析，使世界各地成千上万的研究人员能够随时访问数据、信息和知识。

第五节　日本大型科学设施的管理策略

日本受到第二次世界大战"曼哈顿计划"带来的"核之殇"之后，在战后长期重视设施的投入，尤其在粒子物理投入方面不遗余力，并试图发挥国际引领作用。日本不但在文部科学省科技投入中单列设施科目，长期保持稳定的高比例投入，而且经济产业省、总务省、国土交通省都有一定的支持科技基础设施的经费。从总量看，日本与美国同为设施高投入国家。在谋求国际引领的同时，日本注重"实用化"，依托高技术企业较强的创新能力，在设施建设期间重视产业合作，在设施运行期间大力支撑产业发展。代表性设施有国家专门立法支持的"特定尖端大型研究设施"，包括世界最高能级的同步辐射光源（SPring-8）、X射线自由电子激光设施（SACLA）、"京"号超级计算机、高强度质子加速器设施（J-PARC）。

一、从规划看，意图谋求国际引领，下一代基础设施与科技基础设施相结合

2017年，文部科学省在日本各部门中获得的资助金额最高，科技预算达到了政府总预算的64.6%，可见日本对科学研究的重视程度之高。为了强化基础研究，打造世界最高水平的研究基地，文部科学省在"加强基础研究"领域重点体现了对基础研究的投入和对科研人才的培养，总计资助各类项目金额达17362.3亿日元。文部科学省在深海、深空领域设置了专门项目的资助计划，仅海洋观测设施、国际热核计划、大型粒子束设施3类项目就合计资助1058.5亿日元。日本在大型科学设施方面雄心勃勃，SPring-8光源是世界上能级最高的高能同步辐射光源，强力支撑了日本的汽车、新材料、生物等产业的发展。B介子工厂吸引数百位科学家组成的研究团队，利用Belle取得的数据进行CP破坏（粒子与反粒子性质的不同）方面的研究，获得了诺贝尔物理学奖。文部科学省在考虑支持下一代直线加速器（ILC），建设费总额为7000亿~8000亿日元（约合近500亿元人民币），长约20千米，作为"科学立国的象征性计划"。

日本内阁府科技预算显示，"建设世界领先的下一代基础设施"一直是日本科技财政投入的五大工作之一，2015年，该项经费占总预算额的22%。"建设世界领先的下一代基础设施"涵盖基础设施安全、新型城市下一代基础设施、强化可恢复性的防灾减灾能力等内容，将几类设施囊括在内，包括总务省开展的旨在

实现智能基础设施管理的信息通信基础建设，文部科学省的结构材料研究基地建设和利用光、量子进行非破坏性基础设施诊断技术研究，经济产业省的利用大数据实现产业创新的基础建设、国土交通省的利用信息通信技术建立下一代快速道路交通系统（ITS）等。

二、从投入看，稳定支持研发设施维修升级

以文部科学省对设施的投入来看，近5年年均设施投入24.14亿美元，与美国的设施投入基本持平。5年平均投入比例占政府当年R&D预算的约7.32%。2015年是个高投入年份，设施投入额占中央科技预算总额的10.59%，之后几年基本保持在5.7%左右。2019年，设施维修补贴和其他补贴合计2371亿日元（约21.85亿美元），占中央科技预算总额的5.6%（图5-6）。大型尖端设施由国家立法来管理。

图5-6 日本的设施投入额与占中央科技预算总额的比重

来源：日本文部科学省。

三、从组织看，科研独立行政法人影响力上升，立法保障第三方科研组织从事设施运行

大学共同利用机关是日本特有的体制，向全国的研究者提供世界最先进的研究装置、数据等研究资源，以为日本产出国际研究成果、推进大型研究项目、加大国际竞争力等做出贡献。从文部科学省预算的设施维修补贴和其他补贴科目来

看，独立行政法人获得政府资助所占比例持续上升，从2014年的24.52%上升到2018年的84.9%；大学所占比例持续下降，从2014年的75.48%下降到2018年的15.1%（图5-7）。这一变化反映了近年来日本在设施承担单位的选择上，更加倾向于从事科学研究的独立行政法人。

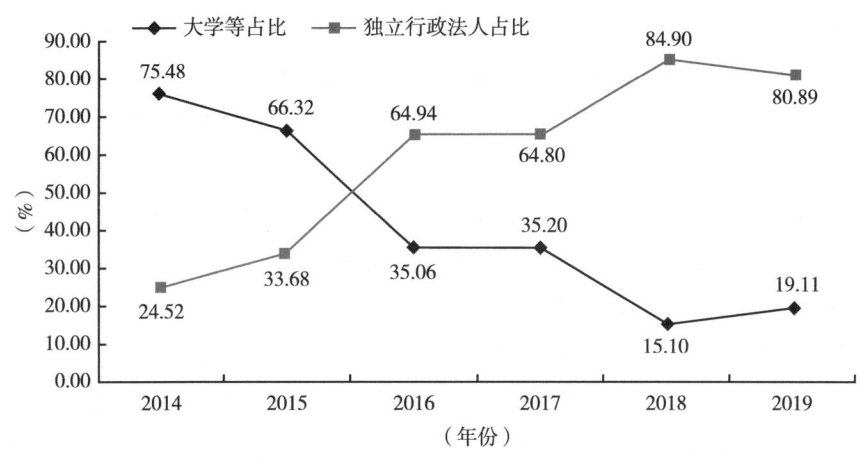

图 5-7　大学和独立行政法人所获政府设施经费比例的变化

来源：日本文部科学省。

设施利用促进机构是日本的特定体制。经国会批准，日本政府专门制定了《关于促进特定尖端大型研究设施共同利用的法律》《特定大型尖端科研设施管理实施细则》等法律法规和实施细则。这些设施及其依托单位的投入规模大、科研人才众多，开展的是日本在战略必争领域的研究。为了避免依托单位与大型设施在开发利用时出现摩擦（例如，依托单位也是核心科研机构，在设施的优先利用权、研究方案遴选、向外单位是否开放等方面可能存在利益冲突），由具有独立法人地位的第三方科研机构负责设施的开放利用相关工作，包括接受外单位的申请并遴选符合资质的实验机构或个人，遴选符合科学原则和客观条件的研究方案，对开展实验的机构或个人进行技术支援，开展设施运行的相关数据分析并及时向外界公布设施的运行情况。设施促进利用机构JASRI、CROSS、RIST本身也是独立的科研机构，随着这些机构科研能力的发展，依托单位近年来也逐渐将部分设施的运营管理工作交给设施促进利用机构来完成。

日本的设施长期与产业界关系密切。日本的高能光源、硬X射线自由电子激光装置等设施完全由日本高技术企业支撑研制。丰田、日产、本田技研、松田、大发等汽车生产商在研究开发过程中大量使用高能光源 SPring-8。随着产业界对光源等设施的需求加大，日本在《经济财政运营和改革的基本方针 2018》中提出"吸引大量民间投资的官民共同推动的大型研究设施新计划"，推动从原来由学术主导的放射光研究使用向"自愿联合、新的产学协同计划"的体制改革转变。例如，目前文部科学省审核中的下一代产业用 3Gev 光源——"以官民地域友好合作关系推动新时代放射光设施"，旨在解决已有设施在设施利用上的三大问题（可利用时间、费用、解析能力），拟建立能够满足产业界潜在需求的管理形式，包括按投入分配成果、企业化机制运作、年运行 6000 小时等灵活的运行机制。

建设一批以研究手段聚类的设施集群。由大学或研究所承担这类设施集群的建设，如大型电镜中心、核磁中心、生物成像设施、生物信息设施，利用同一功能手段解决多样化的科学问题。这一类设施体现了"非科学问题牵引"的特点，虽然科学问题分散，但是样本和手段的集中超出了一般课题组和研究机构的能力，组合后科学价值、规范化管理和系统提升都具有基础性、战略性意义。日本尖端研究技术设施中，仅核磁共振（NMR）装置群就有 4 个，显微镜装置群有 2 个（表 5-2）。

表 5-2　日本尖端研究技术设施中的设施集群

设施集群	设施名称	承担单位
显微镜装置群	同位体显微镜系统	北海道大学
	探针显微镜装置群	九州大学
核磁共振（NMR）装置群	尖端 NMR 设施	北海道大学
	NMR 结构解析基础设施	理化研究所
	NMR 装置群	横滨市立大学
	NMR 装置群	大阪大学

第六节　澳大利亚的设施管理策略

澳大利亚在科研领域的发展起步虽晚于欧美国家，但自 20 世纪 80—90 年代以来，其研发水平显著提升，在能源、生物、医学等领域具有较强实力，在部分高新技术领域也处于世界领先地位。而近年来，受到宏观经济转型的影响，澳大利亚更加强调科研创新的重要性，颁布一系列的改革政策，改善研发基础设施建设等，增强国家的创新力，以提高国家的综合实力，提升国际地位。

一、从规划看，颁布与更新相关政策

澳大利亚联邦政府结合本国的科研发展水平，不断适时调整其科技基础设施方面的相关政策。例如，早在 2004 年，澳大利亚国家科技基础设施专题组就发布了《国家科技基础设施框架》报告，研究了澳大利亚未来研究发展的趋势、布局的能力优先领域，以及在重大科技基础设施方面的需求。随后，政府设立了国家合作科技基础设施战略（NCRIS）计划，研究确定未来澳大利亚科技基础设施的战略发展方向，2006 年首次发布路线图，并于 2008 年进行了更新。2016 年，经过大量前期调研，与利益相关方深入讨论，各领域专家组根据问题导向、需求导向的研究思路，全面综合考量，最终联邦政府拟定了第三个发展战略，即"2016 年国家研究基础设施路线图"，纳入 36 个设施，分布在数字数据和电子研究平台、材料表征、地球和环境系统等 9 个重点领域，每个领域各 3～5 个设施项目。其指导原则包括：对设施的投资应能够最大限度地发展研究和创新体系的能力，并促进经济发展和服务国家需求；资源应重点关注已经是或有潜力跻身国际先进行列的领域；应瞄准国家的优先事项和举措；鼓励大学、地方政府、研究机构及组织等联合投资；应当考虑科技基础设施的全生命周期经费等。

二、从投入看，研发设施投入及其占比均稳步提升

受金融危机的影响，澳大利亚联邦政府的财政收入锐减，其研发经费的投入规模较小，加之其科研基础设施日趋老化，导致其创新力发展较为滞后。鉴于此，澳大利亚不断寻找突破点，改善其科研创新环境。在研发设施投入方面，从 2013 年起，澳大利亚保持设施投资额、设施投资占联邦政府研发支出的比重逐年稳步提升的趋势。近 5 年平均设施投入额为 1.8 亿澳元，占联邦政府研发支出的平均比重为 1.82%。2018 年，澳大利亚科技基础设施投入约 2.03 亿澳元（约合 1.52 亿美元），占联邦政府研发支出的比重为 2.11%（图 5-8）。与其他主要国家相比，虽然澳大利亚的研发设施投入额仍处于较低水平，但是从其发展趋势可以看出，澳大利亚联邦政府正在并将持续加大研发设施投入，以改善其科技创新环境。

图 5-8 澳大利亚的设施投入额与占联邦政府研发预算总额的比重

来源：澳大利亚产业、创新与科学部。

三、促进重要研发基础设施的有效利用和共享

在制定设施发展战略时，澳大利亚联邦政府充分重视来自大学、企业等各方面研究用户的已有需求和潜在需求，采取多方用户直接、间接参与路线图制定的措施，保证研发基础设施的建设能满足多方需求。同时，澳大利亚联邦政府每年的预算报告中还包含了部分大型基础设施的目标利用率，如2018年预算报告设定澳大利亚同步加速器平均利用率的目标值为95%，加速装置平均利用率的目标值为65%，中子束装置平均利用率的目标值为85%，从国家政策层面要求设施共有共享，提高研究用户的参与度，进而提高研发基础设施的利用率，最大化地高效利用国家的科技资源投入。

第六章

我国重大科技基础设施的宏观管理

第一节 管理体制

我国具有相对系统的重大科技基础设施管理体制框架。按照《国家重大科技基础设施管理办法》，我国重大科技基础设施治理层级分为三级。

一、宏观管理层面

在党中央、国务院领导下，牵头部门会同相关部门作为宏观管理单位，各司其职，负责设施的规划、建设、运行和退役，以及依托设施开展的科研工作。国家有关部门、省级人民政府、中央管理企业等是主管单位，负责组织本部门、本地区或本企业所属单位设施项目的申报、协调等工作，制定设施管理的有关具体政策和细则，协调落实设施建设和运行所需条件。高校、科研院所或企业可作为设施管理的依托单位，负责设施项目申报、建设和运行管理的具体任务，落实相应的保障条件。

二、主管部门层面

主管单位负责组织本部门所属单位设施项目的申报、协调等工作，制定设施管理的有关具体政策和细则，协调落实设施建设和运行所需条件。主管单位在项目预先研究、组织立项、建设和运行过程管理、改造升级等全寿命周期管理的各个环节中都发挥着重要作用。

三、责任单位层面

高水平创新主体是设施的承担单位，对主管单位负责。例如，中国科学院明确重大科技基础设施所依托的具有事业法人资格的研究院、研究所、大学为设施建设与运行的责任单位,对中国科学院负责。教育部明确,高校作为大设施建设的主体责任单位,负责大设施的申报、建设和运行管理,并落实相应保障条件。

在责任单位内部成立相应的领导、执行、咨询和监督机构。《国家重大科技基础设施管理办法》明确要求依托单位须成立项目建设管理机构,在运行阶段应成立运行管理机构。具体来说,建设期间,科学院要求设立工程领导小组、工程经理部、工程科学技术委员会;教育部要求成立大设施建设领导机构、大设施建设指挥部,制定"特区"政策等。运行期间,责任单位可利用原有机构进行管理,也可视需要增设专门管理机构。

由于单位内设的项目制组织不是法人实体,所以由承担单位履行其对外的法律责任。责任单位与项目制组织之间的关系是学者们常常讨论的议题,较为理想的情况是资源互补,重大科技基础设施的项目制组织为承担单位整体学术水平的提升做出贡献,而承担单位为项目制组织提供多学科的人才储备和学术支撑。但由于"大科学"的组织方式与传统"小科学"的组织方式不同,实际上往往会出现两极分化的情况:一种情况是向"大科学"倾斜,正如有的学者表示,大科学装置的项目制组织就像"肿瘤",随着体积增大、实力增强,可能会使责任单位的各种资源向重大科技基础设施倾斜,有可能侵占"小科学"或内部科学的发展资源;另一种情况则是"大科学"组织方式难以形成主流或开辟"特区",以至于重大科技基础设施的项目制组织受到责任单位资源配置的限制,局限在特定的低管理层级,其获取的外部国家级资源被责任单位稀释或吸纳而逐步同化。因此,如何在不同发展阶段,根据不同类型、学科组织的功能要求,在组织内部平衡"大科学"和"小科学",使其相互促进,是管理的要点。

第二节 规划立项管理

一、规划管理

牵头部门会同有关部门编制设施建设规划,报党中央、国务院审批,并根据形势发展适时对规划内容进行调整。我国从"十一五"开始有规划地部署重大科技基础设施建设,"十二五"期间,参照国际惯例,出台了专门的重大科技基础设施中长期规划。历经3个五年计划,形成了一套较为完善的规划管理机制。

重大科技基础设施具有区别于一般科技基础设施、重大科技项目的若干判断标准。

一是国家使命标准。重大科技基础设施是肩负明确国家使命的大型国家基础设施，是国家的战略性科技资源，有明确的科学目标、工程目标，拟突破的科技前沿方向明确，拟解决经济主战场、国家重大需求、国家安全中的重大科技问题明确。重大科技基础设施不是一般实验室仪器设备，也不是这些仪器设备的规模扩大、数量增加，不能快速淘汰更新。

二是基本属性标准。重大科技基础设施建设兼具科研和工程双重属性。从科研属性看，设施是主要用于高水平科学研究和技术开发的研究工具、研究条件，不是科研机构或研究计划，也不是服务技术产业化的中试、验证、检测等类型的设施。从工程属性看，设施建设属于基本建设项目范畴，只能通过中央统筹经费进行支持。若按国家科技计划、修缮购置专项资金等渠道支持也能实现建设目标，那么它不应纳入重大科技基础设施范畴。

三是实现途径标准。重大科技基础设施是通过技术攻关、自主研制而来的，并可以渐进式改进提升、重大升级改造，在相当长时间内保持性能卓越或领先。重大科技基础设施应包括大量自主研制部件器件，其来源渠道可以是设施建设团队自行研制，也可以是委托单位根据设施建设团队提出的设计要求或提供的技术支持研制生产。通过在国内外市场上大量采用商品化的科研仪器设备，并进行系统化组装、拼凑而成的设施，不应纳入重大科技基础设施范畴。

四是内部结构标准。重大科技基础设施是一个完整的、有机的整体，子系统之间的关联性极强。若去掉设施的某一个子系统，设施的整体功能将无法实现。若提出的设施建设方案中，子系统之间没有较强的关联性，不应纳入重大科技基础设施范畴；若去掉某一个、某几个子系统对设施整体功能没有影响或影响很小，这些子系统不应纳入设施建设内容。

五是寿命周期标准。重大科技基础设施是长期运行的研究设施，投入运行后在较长时间内能够保持相对卓越的性能，能够支撑相关科技领域开展高水平研究活动。若在3～5年或更长一段时间内，构成设施的主要仪器设备需要频繁更新换代才能保持整体性能或在行业内的领先地位，那么不应该纳入重大科技基础设施范畴。

六是服务对象标准。重大科技基础设施是对国内外用户高度"开放共享"的，如为用户提供实验条件、为用户提供科研数据等，并通过开放共享实现设施建设既定的科学目标，履行应尽的国家使命。设施对广大用户开放共享，不是服务于某些团队、机构或部门，更不是只服务于设施建设单位或委托运行单位。

二、审批管理

根据设施建设规划，按照"成熟一项、启动一项"的原则，组织设施建设项目的审批管理，包括审批项目建议书、可行性研究报告、初步设计。情况特殊、影响重大的项目，需要审批开工报告。

第三节 评价管理

设施发展的阶段性问题需要评价机制诊断。2013年，创新驱动发展战略的提出和《国家重大科技基础设施建设中长期规划（2012—2030年）》的发布，激发了地方政府对设施的关注和投入热情，为设施可持续发展和发挥作用带来了重要影响。若干超级设施建议成为国内外科学界和社会关注的热点，数百亿的投入是否值得、建设方案如何确定、国际合作机制如何构建都成为热议的话题，但讨论问题并不聚焦，莫衷一是。同时，产业对设施的使用、参与和投入偏弱一直是影响我国设施综合效应发挥的重要因素。由于设施战略性、差异性大和数据获取困难，评价标准一直是设施管理研究中的难点，当前主要依靠专家评估和定性打分方式作为设施投资的依据。应建立科学的、符合中国特色和发展阶段的设施效应评价机制，为政府宏观决策者提供可借鉴的设施投资和管理政策，为设施承担单位提供设施管理策略。

一、重大科技基础设施的价值属性

评价是对评价对象活动及其产出和影响的价值进行判断的活动，价值判断是评价的本质。从价值属性看，设施有三方面属性。一是科学工具，服务于前沿科学研究，设施评价应符合同行评议等科学建制的约束，遵循"学术价值"和"广泛影响"的准则。但是，若单纯用科学产出来评价设施往往得出单位投入产出比低的结论，忽视了设施战略价值和综合效应，并不符合各国持续投入设施建设的价值导向。二是国家战略工具，服务于国家战略目标和国家安全。在战略领域、由战略机构布局的设施往往这一属性较为突出。不过，战略价值的评判往往难度较大且不容易量化。三是经济社会工具，设施在促进科技发展和服务国家战略的同时，具有人才集聚、促进产业发展、带动就业、推进区域经济发展等经济社会效应。发展经济学、新增长理论以及公共选择理论的经济学者将基础设施建设视为社会发展的先行资本，认为基础设施发展是实现起飞的前提条件。重大科技基础设施是我国新时期新型基础设施的重要组成，具有重要的乘数效应，但设施在拉动产业方面又与5G、人工智能等领域的新型基础设施具有较大差异。学者研究讨论了大型科学设施对经济的影响，新时期需要结合新型基础设施的特点，更好地研究重大科技基础设施的投资回报率。

二、重大科技基础设施的评价导向与方法

发达国家在设施效应、影响研究和绩效评价方面具有较长的实践经验，由于设施投资体量大、覆盖面广、新形态层出不穷，针对设施评价这一难题不断号召推进前沿研究。

（一）评价的价值导向

不同管理主体对设施评价的功能目标需求不同。由于设施一般隶属于国家实验室和国立科研机构管理，美、英、法、德、日等发达国家对设施评价主要围绕机构绩效评价开展，周期性绩效评估结果与经费分配关联。

最具代表性的是美国设施评价，其主要是通过机构绩效评价来规范、衡量设施投入产出状态，形成制度化、规范化和常态化的评价机制。美国通过1993年颁布《政府绩效与结果法案》（GPRA）并于2010年颁布《政府绩效与结果法案修正案》（GPRAMA），形成了一套通过立法实现公共机构绩效管理的基本逻辑，以提高政府科研绩效和科研机构管理能力。承载设施的美国能源部和美国国家科学基金会管理的国家实验室都在公共机构绩效评价范围内。主要做法：一是将设施高效建设与运营作为重要的绩效目标，考察是否对研究项目、实验室发展提供有效支撑，强调设施能力与实验室能力的融合。根据标准或规范，以确定承包商是否在管理和运作上有效控制实验室，并达到合同中规定的任务和绩效预期目标。二是测度主要是面向结果的，而不是基于活动的。三是后续执行有效性强，法案对科研机构约束条款可以促进实验室做出的决策更加及时、客观、有效。

欧盟设施评价更强调"整合价值"，主要对欧盟研究机构[①]、多个欧洲国家机构共建设施项目开展评价，致力通过（整合）建设欧洲级设施来打造欧洲研究领域（ERA）。主要导向：一是强调设施的"泛欧洲关联度"维度，让欧盟各国的前沿研发成果能够共享共用。通过项目评价管理来促进机构整合，促进多家欧洲国立科研机构共同完成欧洲研究基础设施项目，以增量促整合。二是更加强调泛

---

① 第二次世界大战后建立的欧洲科学组织——欧洲国际研究组织联盟（EIRO）的8个成员组织：欧洲核子中心、欧洲核聚变联盟、欧洲分子生物学实验室、欧洲航天局、欧洲南方天文台、欧洲同步辐射光源、劳厄-朗之万研究所、欧洲X射线自由电子激光装置公司（非营利）。

欧洲层面的经济社会影响，并在方法层面更加规范。例如，广泛应用成本效益评价（CBA）提供项目级别的政策决策信息需求，作为欧洲投资银行、欧洲银行、欧盟结构投资基金等机构评估基础设施项目、研究发展与创新项目的常用方法，并在欧盟2016版、2018版设施路线图中作为项目遴选阶段的基本方法和推荐工具，用来提供设施经济社会效益的稳健证据。对于引导超大型设施、多家共建共通运营设施的可持续发展，以及区域设施整合和领域整合具有借鉴意义。

（二）评价的主要方法

在设施评价方法方面，发达国家具有较为完善的公共科技项目评价基础，在此基础上，持续构建、修正、完善设施评价框架。欧盟研究组在对研究基础设施的经济社会影响评价方法项目中，区分了经济方法、混合方法、因果分析方法等3类分析框架和6种主流评价方法，并按照可靠性、有效性、准确性、可用成本/时间、政策制定者相关性、设施管理者相关性等标准，推荐以多方法多局部因子方法和成本收益方法作为主要方法，基于理论的方法作为补充（表6-1）。

表6-1 研究基础设施经济社会评价常用方法

分类	方法	标准					
		可靠性	有效性	准确性	可用成本/时间	政策制定者相关性	设施管理者相关性
经济方法	基于影响乘数的社会经济评价	较高	相对局限	主要受交易性经济影响，但也受乘数本身概念和数据可得性影响	相对成本高，取决于评价深度	有用	相对没用
	知识生产功能法方法	理论基础带来持续和通用结果	只能评价有限范围	计量经济学难以解释因果且引入不适合假设	成本、专业、数据密集	有用	相对没用
	成本收益方法	较高	具有测度大多数效应的能力	项目层面测度投资决策的长期影响较准确	成本较高	有效	有效
混合方法	多方法多局部因子方法	取决于定义效应的理论	取决于衡量投资的多维属性	受限	中低	有效	更为有效
因果关系方法	基于理论的方法	总体可靠，不同方法有强弱区别	有效，尽管有些框架不覆盖全部效应	取决于统计或叙述技术	相对低，经验证据获取成本高	相对弱	有效

续表

分类	方法	标准				
		可靠性	有效性	准确性	可用成本/时间	政策制定者相关性	设施管理者相关性
因果关系方法	案例研究	结果通用性弱，不适合作为建立框架的方法	在一定范围内具有高有效性	"乐观偏见"、深度欠缺	取决于范围和深度，相对成本低于以上方法	有效	相对弱

来源：Research Infrastructure imPact Assessment paTHwayS（RI-PATHS）. State of play–Literature Review. Horizon 2020 Programme. European Union, 2018.

由于设施产出和效应的多样化，需要有方法来整合局部指标。目前主要成果包括经合组织支持的研究基础设施社会经济影响框架（SEIRI）和欧盟委托开发的基于开放创新和研究体系的设施评价体系（EvaRIO）框架。经合组织 SEIRI 建立了战略目标和核心影响指标的联系，强调影响评估而非绩效评估；围绕成为国家或世界科学领导设施和前沿科学支撑装置、创新支撑、区域整合、教育影响和知识扩散、公共政策的科学支持、提供高质量科学数据和相关服务、承担社会责任等 7 个战略目标，提出了 25 个核心影响指标。EvaRIO 框架的基本思想是评价通过设施产生的一个累积的和互动的学习过程，全面反映由设施产生或与设施相关的直接和间接影响，区分了运营方、供应商、用户等 3 种利益相关者和直接效应、能力效应、相关绩效影响、间接效应等 4 种效益。

多方法多局部因子方法具有显著的优点。总体上看，多方法多局部因子方法突出了目标导向，构建了设施战略目标和核心指标之间的关系，从利益相关者角度系统归纳了直接、间接效应，强调科学网络、产业效应、区域效应、数字化等设施效应机制，提出一系列具有纵向可比性、可参考借鉴的设施评价指标。可兼顾相关效应理论、衡量投资的多维属性，具有包容性和有效性，且可用成本/时间较低/少，能够被政策制定者和设施管理者有效使用，可以通过有效评价管理来提升描述和测量效应的客观性和准确性。相比之下，广泛应用的成本效应方法（CBA）可能需要额外的工具来充分考虑宏观经济层面的目标，并用基于因果关系理论的定性方法作为补充，同时存在实施成本较高等问题。装置计量学方法（facility metrics）主要集中在科学效应和运行效率层面。综上，本书主要采用多方法多局部因子方法来构建设施评价框架。

（三）我国重大科技基础设施评价的理念与框架

从我国设施发展阶段和提升国家投入效益的现实要求看，科学的综合评价势在必行。要统筹考虑国外评价标准和评价体系对我国现阶段设施评价的适用性问题，在厘清评价价值导向的前提下，建立较为统一的设施评价框架。从评价方法和数据来源角度，要兼顾方法和指标选取的通用性和特殊性。

1. 我国重大科技基础设施评价管理的现状

我国关于设施管理的研究关注建设管理多、运行评价少；项目管理多、评价管理少；定性分析多、定量评价少。已有设施评价研究重视科学效应，而对设施网络效应和集群效应研究不足，对设施战略性、前沿性以及投资综合价值系统性发掘不足，并未形成理性的、较为统一的评价价值导向。结合我国特色和发展阶段目标的针对性评价方法研究不足。由于每个设施具有相对唯一性和科学前沿性，实现有效治理不但挑战宏观管理者的知识背景，而且从政策成本角度也难以实现针对性施策。因此，针对某一类设施的评价管理往往参照跟随国际管理操作规范、国际同行评议。

从我国的设施评价管理现状来看，过程评价监管机制有待完善。事前评价方面，设施中长期建设规划采用专家打分制，依赖专家根据必要性和可行性开展项目遴选。事中评价方面，主要依靠主管部门开展年度进展评价，中国科学院等主管部门出台了设施建设、运行管理办法，并召开建设运行年会，针对在建项目遇到的问题、建设成果等进行规范性评价引导。事后评价方面，设施管理办法规范了验收评价标准，并指出，应委托第三方适时对设施的科研支撑能力、科技发展潜力、开放共享和运行绩效进行阶段评估。国家出台了促进设施开放共享的政策，对设施对科学用户和公众开放做出了规范，并以机构为主体评价开放共享效果。总体上，由于设施的战略敏感性和差异性强、管理资源有限、发展阶段限制等原因，我国尚缺少国家层面统一对设施效应的综合性评价要求，以及对应的后续资源配置机制。特别是，针对新时期创新驱动发展战略实施和跻身创新型国家前列的要求，亟待形成整合的综合性评价导向和标准，强化领域关联性、区域关联性和经济社会关联性。

2. 评价的基本理念和原则

研究设计设施评价的框架和指标，首先要确立评价的基本理念和原则。设施是科技前沿和国家战略的"国之重器"，设施的活动、举措和产出等是评价的重点内容，提升设施的宏观和微观管理能力是评价的主要目标。由于设施的涉及面广、系统性强、复杂度高，需要树立系统、科学的评价理念。

（1）符合转型期价值导向引导

价值导向是评价的本质。经过上一轮中长期规划的投入发展，目前我国设施已经形成一定的规模和体系，应重点关注三组关系：一是借鉴国际先进经验和保持我国发展特色之间的关系。不能简单地"模仿"或奉行"拿来主义"，应在借鉴发达国家经验的基础上，关注发展中国家的设施在"追赶"发展过程中呈现出的不同于先行国家的发展模式，探索并形成符合我国历史演化特征和发展战略需求的设施资源优化配置机制。二是科学效应与国家战略导向、经济社会效应之间的关系。第二次世界大战改变了科学在国家战略发展中的地位，随着"大科学"模式的深化发展，科学作为一种社会建制，与其所"嵌入"的创新环境间的相互关系越发深入密切，科学发展的线性模式被交互模式所取代，设施应作为国家创新生态系统的核心，同时发挥对研究、教育和创新的作用。三是影响评估与绩效评估的关系。由于投资巨大且战略性强，设施投资效应问题一直受到学术界和政策部门的高度关注。学术研究作为政策实施的基础，更加关注影响评估，而政策制定者更加关注通过绩效评估提升投资效益。应考虑兼顾两者，在夯实影响评估基础的同时向绩效评估过渡。

（2）服务于目标导向的绩效管理

随着各国政府对绩效管理与绩效评估的逐步重视，基于"目标—投入—活动—产出—效应"的评估逻辑框架在科技评估实践中得到了越来越广泛的应用，其以目标为重要导向，并注重过程监测和结果反馈的评估理念与思路，对设施评估设计有现实的参考价值。

（3）全寿命周期过程动态评估视角

设施全寿命周期是一个动态发展的过程，其动态性主要体现在设施活动的各个阶段和环节。鉴于设施的立项、建设和运行、效果各环节彼此紧密相关，在设施评估框架设计中，为形成更加全面、客观、准确的评估判断，需要系统地考察设施的各活动环节，建立起覆盖其全过程的评估体系。同时，设施的立项、建设和运行、效果可各自作为变量影响其他变量的结果，因此要注意以动态的视角来评估分析各环节的互动关系，形成全过程链条、系统性的评估回路架构。

（4）关注设施利益相关者的回应

由于设施功能、投资体量、形态、成果形式等差异较大，评价的主要目标是激励机构和管理者围绕立项目标，通过主观努力提升设施的建设和运行效率，确保人、财、物运行状态良好。设施的利益相关者既有科学共同体，又涉及国家部门、区域、企业、社会公众等。对设施的评估，既有"技术性"，也带有一定的

"政治性",不能局限于技术层面和事实层面的评估,需要对价值层面的问题做出分析和判断。总体上,要确立价值评估与事实评估相结合的理念,将价值标准与效益、效率等事实标准相结合。

3. 评价的逻辑框架和指标体系

在明确设施评价基本理念和原则的基础上,围绕设施全寿命周期,构建框架层—指标层—准则层—主体层的设施评价框架(图6-1)。

在框架层中,从"功能—目标—投入—活动—产出—效应"的评估逻辑出发,以满足立项功能为首要导向,重视不同功能设施目标导向的差异性,考核基于功能的设施年度目标的完成度,衡量投入和活动有效性,促进设施高效运行、成果产出和产生广泛影响。在指标层中,依据设施评价框架的层次性与系统性,选择侧重结果的指标,兼顾指标选取的通用性和特殊性,注重数据来源可获取、可核查、纵向可比;与功能、物理形态、研究领域密切相关的,可通过调整指标的权重解决。在准则层和主体层中,关注设施在发展不同阶段评判标准的差异性,但在整个寿命周期,应能够连续性回应国家、区域、产业、公众等各主体和利益相关者的诉求。

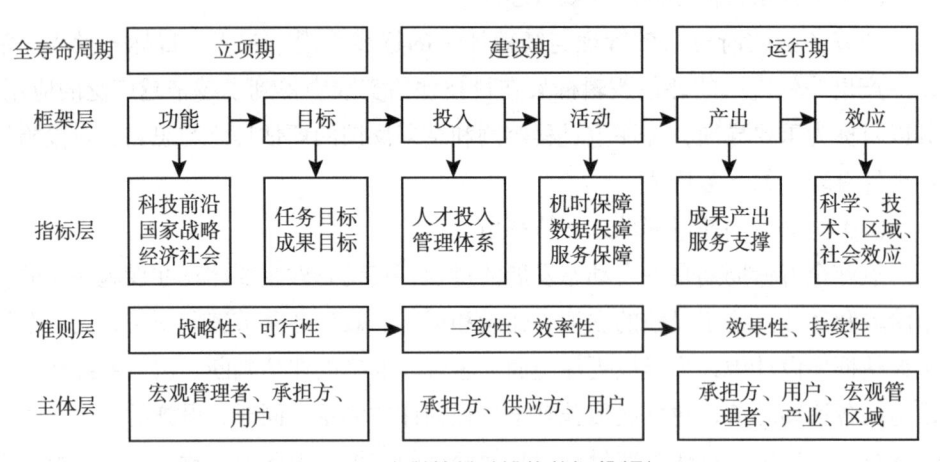

图6-1 重大科技基础设施的评价框架

在核心指标选取方面,本书注重结果导向而非活动导向,因此超过70%的指标都用来表征产出效应,强调设施承担方的能力和设施绩效。从装置计量学等相关学术研究,以及欧盟、经合组织等实际应用中选取了代表性指标,并结合我国实际构建了部分指标(约占1/4),如立项功能实现程度、核心技术自主率、支撑重大任务等。考虑到国外设施是包括资金和劳动力在内的全成本核算，而我国设施投入资金主要来源于国家投入，而承担方负担的人员投入和管理投入也是重要方面，因此对承担方的评价主要将人力资本和管理体系投入纳入体系。参考装置计量学，从可保障机时、申请获准率等方面来衡量设施的运行能力。本书在指标层面并未区分产出和效应，而是采用以科学效应为基础的综合视角，按照科学、技术、区域、社会等4个维度统筹表征。其中，科学效应关注了科学卓越和科学网络建构两方面，重视通过促进领域交叉和知识重组，提升整体系统效率、促进科学增长，这与国际上相关设施评价研究的导向相对应。同时，增加了数字化能力有效促进开放共享和提高运行效率这部分的指标选取。需要说明的是，本框架和指标体系在一定程度上兼顾了国际可比、纵向可比，但不适合开展设施间的横向比较；侧重在运行期使用，也可作为立项期和建设期评价决策的参考（表6-2）。

表 6-2 重大科技基础设施的评价指标体系

序号	一级指标	二级指标	三级指标	指标解释和来源
1	功能	立项目标	立项功能实现度	设施立项功能实现度（包括满足国家重大战略需求、经济社会发展、前沿科学探索）
2	目标	年度目标	年度目标实现度	设施年度目标实现度
3	投入	人才队伍	承担方人员全时当量	工作人员全时当量（包括专职博士、高级工程师）
4		管理体系	管理体系	管理体系（管理架构和制度完备性、有效性，包括运行计划、发展规划等）
5	活动	运行能力	机时保证率	正常（非故障）运行时间占比
6			超额申请率	对于提供开放机时类设施：用户申请机时/设施可提供机时
7			支撑重大任务	支撑国家重大项目、科研攻关任务等
8	产出效应	科学支撑	科学卓越-论文引用数	发表文章引用数（包括内部用户和外部用户）
9			科学卓越-高影响力期刊发表数	用户Q1期刊发文量
10			科学卓越-高水平奖项	使用设施获得诺贝尔奖、同学科国际奖、科技进步奖等
11			科学网络建构-获得项目数	获得外部项目数量（按照来源、功能分类）
12			科学网络建构-科学用户数量	设施用户数（包括内外部、学科、博士后、国内外）

续表

序号	一级指标	二级指标	三级指标	指标解释和来源
13	产出效应	科学支撑	科学网络建构-与用户合作论文数	与用户合作发文量（包括国际一流团队）
14			科学网络建构-合作项目数	与其他设施、高校、研究所合作项目
15		技术创新支撑	核心技术自主率	自研关键技术占设施总价值的比重
16			授权专利数和价值	授权专利数量和商业价值（包括与产业共同开发专利数）
17			产业合作项目	与产业合作的项目
18			孵化企业	设施孵化企业数量
19		区域支撑	所在区域使用设施的企业	所在区域使用设施的企业数（性质、规模、行业）
20			所在区域设施供应商	所在区域设施供应商（性质、规模、行业）
21			带动区域经济发展	利用乘数，通过IO模型计算
22		社会支撑	知识共享-学术活动量	设施组织的科学会议、研讨会等学术交流
23			知识共享-提供培训量	设施提供培训人次（学术和产业）
24			公共开放-教育活动和参观来访量	设施向社会开放接待社会参观来访人次
25			社会支撑-支持公共政策的试验和观察数据	提供公共咨询服务或形成报告
26			社会支撑-数据提供量	科学数据按需提供量（学术、商业、公共）

需要说明的是，本书以国家投入设施作为研究对象，随着新型基础设施概念内涵的拓展和建设运行方式的多元化，特别是部分地方政府将设施作为创新驱动发展转型的标志性、启动性投入，设施的概念内涵和评价标准也在不断发展，包括：定位上向解决产业重大基础共性问题靠拢，为战略性新兴产业发展提供原始创新基础；更加注重数字化、人工智能等新技术方法在设施中的应用和影响；强化国家、地方、产业等多重利益相关者的共同关注和高效协同等。这些都在持续召唤构建更加完善的融合性的设施评价导向体系。未来应在普遍提升设施数据可获得性的基础上，持续完善评价方法，更好地促进利益相关者高效协同、回应不同利益相关者的关切。

第七章

同步辐射光源管理

第一节 同步辐射光源

同步辐射光源是典型的重大科技基础设施，具有投入高、学科多、用户广泛、产出丰富、科学寿命长、复杂性高、难度大等特点。当前，世界主要科技发达国家在规划和部署重大科技基础设施建设时，都把支撑多学科研究的公共实验平台型装置放在优先或突出的地位（杜澄，2011）。同步辐射光源作为服务于多学科的公共实验平台，是最能体现"公共性"和"基础设施"内涵的一类重大科技基础设施。从分类角度来看，同步辐射光源是具有代表性的提供实验条件的设施。本节从同步辐射光源的技术发展历程、系统复杂性、科学支撑能力和辐射带动能力等方面论述其代表性，回答了为什么要选择同步辐射光源作为从微观视角研究重大科技基础设施的典型样本这一问题。

一、同步辐射光源的技术发展历程

20世纪中叶，基于粒子加速器的X射线产生技术，诞生了远比常规X射线源性能先进的同步辐射光源（Synchrotron Radiation Facility，SRF）。同步辐射光源的工作原理是使以接近光速运动的电子在储存环的环形轨道上通过不同强度的磁场做恒速率、变方向的运动，并产生性能优异的电磁辐射。这种电磁辐射的能区跨越了从红外线到硬X射线的宽广范围，具有高亮度、宽波段、窄脉冲、高偏振等优良特性，性能远高于实验室常用X光机产生的X射线，从而成为研究物质结构的有力工具。

同步辐射光源的基本结构和运作原理是：首先由直线加速器产生高品质的电子束，而为了降低造价，这些电子束的能量不高；在被称为增强器的环形加速器内，电子束被加速到更高的预定能量，然后注入储存环中；电子沿着储存环运动，在储存环的不同位置，电子从弯转磁铁或各种插入件内发出高性能的同步辐射光；这些同步辐射光通过一系列光束线传输到不同的实验站中，在传输过程中需要各种精密的光学元件对同步辐射光进行一些必要的单色化、聚焦等调制处理，以满足实验的需求；最后在实验站利用配置的实验仪器开展用户实验。

随着应用研究工作的不断深入、应用范围的不断拓展以及新科学技术的驱动，同步辐射光源设施不断改进提升，目前国际上一般将其发展历程划分为四代：与高能物理研究兼用的第一代光源（The 1st Generation Light Source, 1GLS）；专用于同步辐射研究的第二代光源（2GLS）；以小发射度、多插入件为特征的高亮度的第三代光源（3GLS）；近年来出现的第四代加速器光源，如基于直线加速器的自由电子激光（Free Electron Laser, FEL）等相干光源和能量回收直线加速器光源（Energy Recovery Linac, ERL）、衍射极限储存环（Ultimate Storage Ring, USR）等。

同步辐射光源对科学技术发展的影响力已得到科技界和各国政府的广泛认可和高度重视，其数量持续增长，性能不断提升。全世界有超过50台同步辐射光源在运行。从国家来看，光源分布呈现出较为集中的态势，仅美国、德国、日本3个国家的光源数量就占世界光源总数的近一半，它们的第四代光源更是占到全世界第四代光源的60%。从洲际分布来看，欧洲的光源数量最多，欧洲10个国家建设的光源数占世界光源总数的43%；其次为亚洲与大洋洲，12个国家合计建设的光源数占世界光源总数的37%；美洲光源占20%。

二、同步辐射光源的系统复杂性

系统复杂性是同步辐射光源的重要特征。

（一）涉及学科范围广且新知识渗入程度高

同步辐射光源的学科基础包括基础科学、工程学、电子信息、管理学等，需要的知识和技能范围广，包括物理、机械、电子信息等多个学科，部件研制及系统集成难度极高。同步辐射光源的原创性和创新性强，新知识渗入程度高，开发的技术及设备一般不具备成熟基础。同时，作为用户设施，同步辐射光源需要围绕用户需求设计设施方案，用户学科包括材料、生物、物理、化学、微机械加工、信息、环境等。

（二）支撑技术涉及领域广

同步辐射光源的支撑技术包括超高真空技术、磁铁电源技术、环境参数监 /

检测技术、精密制造技术、自动控制技术、信息通信技术、数据处理技术等通用技术。此外，同步辐射光源对工业加工能力、特殊材料生产、产业配套等工业基础和水平都有很高的要求，需要国家在相应领域都要有一定的能力和基础。

（三）装置多技术系统协调

复杂系统通常是指由许多不同技术领域的元件或次系统所集成的，不同技术在不同层次水平上相互作用的多技术系统（Hobday，2000）。同步辐射光源的关键技术按照功能划分，主要包括条件产生技术、条件维持技术、终端技术等专用技术。以上海光源为例，技术系统协调涉及电子直线加速器对应的条件产生技术，增强器加速器和储存环加速器对应的条件维持技术，以及光束线及实验站对应的终端技术。要想让众多装置形成系统性，就要求多种技术协调，包括高频、磁铁、电源、真空、注入引出、机械准直、自动控制、束流测量、信息管理、线站物理、束线光学等20个技术系统的协同研发和相互作用，以保证性能和低故障率。

三、同步辐射光源的科学支撑能力

半个多世纪的实践证明，同步辐射光源对科学技术发展影响的广度和深度是其他任何一种科学装置所无法比拟的。它已经成为众多学科前沿领域所必不可少的研究手段，并在这些领域不断产生具有重大价值的创新性成果。

（一）科学支撑的广度

第一，科学支撑的广度体现在同步辐射光源支撑学科领域广泛。支撑学科领域包括物理学、化学、生命科学和医学、材料科学和工程学、能源科学和技术、地球环境科学、纳米科技、计量学、考古学等。第二，同步辐射光源支撑的用户群体庞大。根据对欧洲同步辐射光源（ESRF）、先进光子源（APS）、SPring-8光源等6个代表性光源的统计，近年来，每年有近2万名用户利用这6个光源开展科学实验，年均发表相关文章5000多篇。第三，同步辐射光源的数量持续增加，支撑功能不断拓展。大型同步辐射光源从20世纪70年代开始建设以来，陆续发展了四代装置，技术性能不断提升。发达国家一般拥有多个光源，在光束线上形成互补关系，各有分工和侧重，相互促进和配合。各国至今仍不断为第一代和第二代光源投入改造升级费用，证明了其具有的科学价值。

（二）科学支撑的深度

大量依托同步辐射光源进行研究的文章发表于世界顶级科技期刊。2009—2012年，欧洲同步辐射光源（ESRF）、先进光源（ALS）、同步加速器光源

（NSLS）、先进光子源（APS）和SPring-8光源产出的成果发表在《物理评论快报》（*Physical Review Letters*）、《科学》（*Science*）、《自然》（*Nature*）、《细胞》（*Cell*）4个国际顶级期刊上的文章就达567篇。同步辐射光源对大分子结构的解析能力使得对许多复杂结构（如超大分子复合物和组装体）的解析成为可能。近20年来，至少有5项基于同步辐射生物大分子结构解析的研究成果获得过诺贝尔化学奖（表7-1）。

表7-1　近20年基于同步辐射结构解析获得诺贝尔化学奖的研究一览

获奖年份	主要成就
1997年	三磷酸腺苷合酶（生物的主要产能分子）的三维结构，揭示了其催化过程
2003年	离子通道蛋白结构，揭示了离子通过细胞膜的机理
2006年	一系列RNA聚合酶Ⅱ复合物结构，揭示了真核转录的分子机制
2009年	高分辨的核糖体结构图，揭示了生物体根据基因序列合成蛋白质过程的分子机制
2012年	G蛋白偶联受体与激素的复合物结构，揭示了生物体响应外界刺激的分子机制

四、同步辐射光源的辐射带动能力

除上述基础研究外，同步辐射在工业研发中也有大量应用。在世界上几个大型同步辐射光源中，来自工业研发部门的用户占7%~9%，表明同步辐射光源是产业研发支撑能力较为突出的一类设施。许多企业在同步辐射光源上建设专用线站，开展专用研究，同时提供一定的公用机时。例如，同步辐射光源是新型催化剂研发中不可或缺的工具，世界各大石油公司均已在同步辐射光源上建有专用的光束线站。

同步辐射光源会产生技术扩散效应。例如，基于同步辐射光源的微细加工技术已成为发展微电子机械系统的主要支撑技术，专家预测，微细加工将在不久的将来形成具有相当规模的产业。随着业界对集成电路集成度的要求越来越高，科学界估计，对线度在几十纳米及以下的集成电路，同步辐射光刻技术将有可能成为主要的光刻手段。在医疗诊断和新药研究方面，同步辐射光源也逐渐显示出其独特的优势，如双光子高清晰度心血管造影技术等。

同步辐射光源在推动产学研合作和产业集聚方面具有显著效益。在同步辐射光源所在地，通常都会出现由众多科研机构和高技术企业形成的"技术群"或"技术圈"，这样的知识中心能为跨学科、跨机构的知识流动和合作研发提供良好的平台，对很多高技术企业具有巨大的吸引力。因此，同步辐射光源像磁场一样，吸引越来越多的机构聚集，形成高科技产业集群，对于提升产业竞争力、促进区域经济发展具有重大作用。

第二节 典型同步辐射光源管理

本节研究了美国、欧洲、亚洲具有代表性的 7 个第三代同步辐射光源（表 7-2）。这些光源有的是高能光源，有的是中能光源；有的是专用光源，有的是兼用光源改为专用光源；在地域上覆盖了光源的三大核心地区——美国、欧洲、亚洲；在管理方式上既有大学管理、研究所管理、公司管理，也有多国共建共管。美国能源部管理的大型用户装置闻名于世。美国能源部科学局将设施分为 6 个科学领域[①]，其中基础能源科学领域管理着 5 个同步辐射光源，本节选择阿贡国家实验室的先进光子源（APS）、劳伦斯伯克利国家实验室的先进光源（ALS）、SLAC 国家加速器实验室的斯坦福同步辐射光源（SSRL）等 3 台典型的同步辐射光源进行分析。欧洲的同步辐射光源数量众多，本节选择较有代表性的德国 PETRA-III 光源、英国钻石光源（DIAMOND），以及跨国合作共建的欧洲级研究基础设施——欧洲同步辐射光源（ESRF）进行分析。亚洲基本形成了包括中国、日本、韩国、印度等国家的，可以与美国和欧洲比拟的能量和性能分布合理的光源群，本节选择世界上能量最高的日本 SPring-8 光源进行分析。

表 7-2 国外部分同步辐射光源的基本情况

序号	光源名称	隶属实验室	总投资	工期	光源特点	管理特点
1	斯坦福同步辐射光源（SSRL）	SLAC 国家加速器实验室（SLAC）	—	1973—1977 年	起初是兼用光源，1990 年改为专用光源，2004 年升级为第三代同步辐射光源，还建设了世界上第一台第四代光源（LCLS）	大学管理
2	先进光子源（APS）	阿贡国家实验室（ANL）	4.67 亿美元	1990—1995 年	美国首屈一指的第三代高能大型同步辐射设施，用户覆盖面广	公司管理

---

① 先进科学计算研究（Advanced Scientific Computing Research，ASCR）；生物和环境研究（Biological and Environmental Research，BER）；基础能源科学（Basic Energy Sciences，BES）；核聚变能源科学（Fusion Energy Sciences，FES）；高能物理（High Energy Physics，HEP）；核物理（Nuclear Physics，NP）。

续表

序号	光源名称	隶属实验室	总投资	工期	光源特点	管理特点
3	国家同步辐射光源二期（NSLS-Ⅱ）	布鲁克海文国家实验室（BNL）	9.12亿美元	2015年正式运行	一定能量范围内全球最亮的同步辐射光源	专业化学会管理
4	欧洲同步辐射光源（ESRF）	法、德、意等欧洲12个国家共建	2.2亿法郎	1988—1994年	世界首座第三代高能同步辐射光源，知识生产效率最高的光源	多国共建共管
5	钻石光源（DIAMOND）	卢瑟福·阿普尔顿实验室（RAL）	2.35亿英镑	2002—2007年	第三代中能同步辐射光源，英国30年来最大的民用研究设施	公司管理
6	PETRA-Ⅲ光源	德国电子同步加速器研究中心（DESY）	2.25亿欧元	2007—2009年	由兼用光源改为专用光源，再升级改造成为第三代高能同步辐射光源	研究所管理
7	SPring-8光源	日本理化学研究所（RIKEN）	1100亿日元	1991—1997年	世界上能量最高的高能同步辐射光源（8GeV），还建成了第四代光源SACLA	研究所管理

一、美国的同步辐射光源

（一）斯坦福同步辐射光源（SSRL）

SSRL 隶属于 SLAC 国家加速器实验室（SLAC），起初是兼用光源，运行之初利用的是正负电子加速环（SPEAR）的强 X 射线束，历经数次升级改进，成为一台专用的第三代光源。2022 年，SSRL 拥有 1601 名用户。以大学为基础的活跃研究，不但吸引了来自化学、生物学和医药部门的用户及物理学家，而且有近 100 家美国公司利用 SSRL 开展过研究。该光源及管理的显著特征如下。

1.大学作为合同管理者，大力促进多学科合作

美国联邦政府将部分国家实验室交给大学管理，旨在发挥国家实验室与大学之间的互利互惠对彼此科研、教育的巨大推动作用。大学充分利用管理国家实验室的机会，积极在政策和制度上促成大学与实验室的全面合作。SLAC 与斯坦福大学合作建立了 5 个研究中心，已由主要从事粒子物理研究的实验室逐步发展成为一个从事天体物理、光子科学、加速器和粒子物理等多学科研究的综合实验室。设施所有方美国能源部、合同方斯坦福大学与实验室 SLAC 的关系如图 7-1 所示。

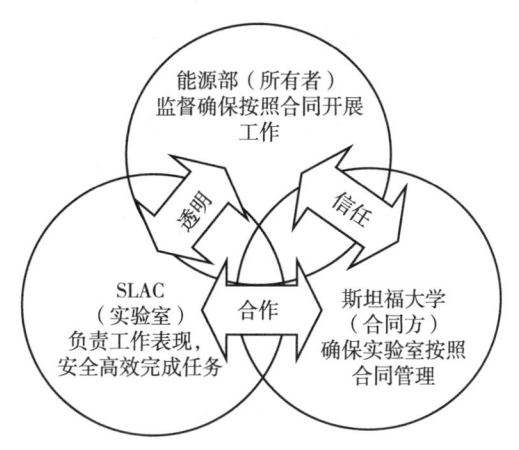

图 7-1　美国能源部、斯坦福大学与 SLAC 的关系

来源：SLAC，2014.

2. 通过不断改进升级转变用途而保持研究能力

1973 年，斯坦福同步辐射工程启动，在用于粒子物理研究的正负电子加速环（SPEAR）的基础上，建设同步辐射实验设施。该工程于 1977 年竣工，成为第一代兼用同步辐射光源 SSRL。1990 年以后，SPEAR 完全专用于 SSRL。在经历了几次升级改造后，SSRL 的性能获得大幅提高，成为第三代同步光源。SLAC 还建设了自由电子激光光源（FEL）——直线加速器相干光源（LCLS），并于 2010 年投入使用。作为第四代光源，LCLS 是世界上第一个硬 X 射线无电子激光设施，能够产生非常强烈的 X 射线并聚集成超快脉冲。2022 年，LCLS 拥有 869 名用户。第三代光源与第四代光源协同发展，实验室的综合科学功能得到大大增强。

（二）先进光子源（APS）

先进光子源（Advanced Photon Source，APS）是美国的一台高能（7GeV）国家同步辐射光源研究装置，于 1990 年春动工，1995 年竣工，1996 年投入使用，总造价为 4.67 亿美元，年运行费用为 9000 万美元。在装置规模和用户规模上，APS 是美国最大的光源装置。2022 年，APS 支持了 4582 名用户，利用 APS 产生的高亮度 X 射线束流，多学科研究人员在材料科学、生物科学、物理、化学、环境、地球物理学、行星物理学和创新 X 射线仪器领域开展前沿基础和应用研究。该光源及管理的显著特征如下。

1. 由专门公司法人实体承包管理合同

2006 年 10 月，芝加哥大学成立的实体——芝加哥大学阿贡有限责任公司开始负责阿贡国家实验室（ANL）的管理和运行。美国能源部与芝加哥大学阿贡有限责任公司签署协议，协议有效期为5年，5年后美国能源部对ANL进行评估，并决定合同的续签或变更。美国能源部对ANL采取以结果为导向、以成绩为基础的目标任务合同制管理。虽然经费主要来源于政府，但政府仅扮演出资者而非指导者的角色。合同制管理保证了ANL在经费使用上具有较大的自主权。通过合同制管理，ANL不仅可以避免政府机构的过多干预，拥有相对独立、宽松的研究环境，而且也便于与芝加哥大学建立起学术、管理和经济上的多渠道联系，提高科研效率，实现互利双赢。

2. 建设期多元化出资

"冷战"结束后，由于政府和公众对持续扩大的科学装置规模的质疑，美国对大型科学装置的投入放缓，规模压缩，建于20世纪90年代的APS也受到了影响。学者指出，1991年对APS的建设投入没有包括整个光束线和实验站的投入，这意味着多数光束线需要通过外部研究组来建造（Westfall，2012）。APS将这种研究组称为合作开放团队（CATs），其好处是，具有高度的运行合作伙伴参与度；这种多样化的合作基于不同模式，为用户共同体带来可观的运行资助（Holl, 1997）。也有学者指出，与欧洲同步辐射光源的建设运行经费全额足额支持相比，这种依赖CATs建设维护光束线、提供部分用户支持的情况，导致了部件间协调和合作的不充分以及技术维护和用户维护上的低效（Hallonsten，2009）。

3. 与实验室内部设施深入互动

虽然经历了建设期经费缩减，但APS在后期还是得到了稳定支持。阿贡国家实验室的多个用户装置，如串列直线加速器系统（ATLAS）、电子显微中心（EMC）、纳米尺度材料中心（CNM）、领先计算装置（ALCF）、气候研究装置（ARM）等都与APS积极互动合作。实验室作为多学科用户中心，采用多学科综合布局，组织或参与组织跨学科的"大科学"研究项目和工程项目，注重保持机构内研究题目和概念多样化的研究计划，建立评估体系和专家评审机制，确保研究质量，并注重技术的转让。

4. 用户机制完善且影响力大

APS设有一系列用户管理机制，包括用户指导委员会（APSUO）、合作用户委员会（PUC）、生命科学委员会（LSC）、通用用户建议书评审组（PRPs）、机时分配委员会（BACs）、跨合作组技术工作小组（TWG）。有学者认为，关注用户是APS的优势，但与其他光源相比，用户渗透深、影响力大，也对光源的发展产生了一些负面影响。例如，对用户资源分配多，影响光源其他部分的技术改造和提升等。

（三）国家同步辐射光源二期（NSLS-Ⅱ）

NSLS-Ⅱ是先进的第三代中能（3GeV）同步辐射光源，隶属于布鲁克海文国家实验室（BNL），于2015年投入运行。NSLS-Ⅱ产生非常密集的X射线、紫外光束和红外光束，每年支持1700名用户，包括生物学家、化学家和环境学家在内的研究人员。升级后，NSLS-Ⅱ产生的X射线的亮度将比已运行了超过30年的NSLS高10000倍。该光源及管理的显著特征如下。

1. 由专业化学会管理

对BNL进行管理的是布鲁克海文科学学会，它由石溪大学和巴特尔纪念研究所组成，同时还代表6所高水平研究型大学（哥伦比亚大学、康奈尔大学、哈佛大学、麻省理工学院、普林斯顿大学、耶鲁大学）共同治理实验室。石溪大学围绕BNL的核心研究领域，提供科学合作、联合计划和联合研究任务，并为BNL提供服务。巴特尔纪念研究所是成立于1929年的世界上最大的独立非营利性研究机构，拥有22000名员工，目前年可支配R&D资金超过65亿美元，管理或共同管理着隶属于美国能源部和国土安全部的7个实验室，具有丰富的实验室管理经验，倡导"科学技术转化成生产力"；其参与管理大大有助于国家实验室科技成果的转化和与产业的实质合作。布鲁克海文科学学会代表的多样化的研究和管理力量，对为光源提供科学支撑和提升实验室管理能力有着重要的推动作用。

2. 支撑设立多个交叉前沿合作研究组织

BNL还拥有一系列用户装置，包括气候研究装置（ARM）、相对论重离子对撞机（RHIC）、功能纳米材料中心（CFN）、加速器实验装置（ATF）等。2000年，美国决定大力发展纳米科学技术时，基于APS的纳米尺度材料先进研究能力，在BNL布局了功能纳米材料中心，从而开展凝聚态物理、催化和能量储存、纳米科学、环境和生命科学研究。BNL还建设或合作建设了日本理化学研究所BNL研究中心、计算科学中心、平移神经成像中心、放射化学研究中心、分子科学光谱学中心、环境废物技术中心、国家核数据中心、加速器物理中心等一系列交叉研究机构，助力BNL取得多项令世界瞩目的重大成果，成为世界著名的大型综合性科学研究基地。

二、欧洲的同步辐射光源

（一）欧洲同步辐射光源（ESRF）

ESRF是由欧洲12个国家共同建设的世界首座第三代高能（6GeV）同步辐射光源，位于有"法国硅谷"之称的法国第二大工业和科教中心格勒诺布尔。正式启用至今，ESRF 提供高亮度、高精度的光源，成为欧洲乃至世界科学及工业研究强有力的工具和手段。其特点如下。

1. 多国共建共享

欧盟致力在统一框架内推动大型科研基础设施的发展，以提高欧洲的全球竞争力，联合建设大型科研基础设施并开展大型科学研究合作已有很长的历史。ESRF 目前由 13 个成员国和 8 个科学组织资助和共享。与国家实验室瞄准国家需求不同，ESRF 要成功管理并保持世界级欧洲研究基础设施和欧洲顶级研究中心的地位，就要同时关注成员国要求和主要科学任务。多国的工作人员带来了科学知识和技术技能上的多样性，同时他们联系着多国的用户，便于光源迅速捕捉用户需求。

2. 成立专门的非营利公司实体进行管理

欧洲同步辐射光源公司（图 7-2）成立于 1988 年，是一个独立且非营利的法国民事组织，遵守法国法律，受到总干事和由会员国代表组成的顾问委员会的指导。ESRF 的合作形式在很大程度上参考了由多国共同建立的劳厄 – 朗之万研究所（ILL）。会员国通过与 ESRF 签订双边协议来加入，周期通常是 5 年。

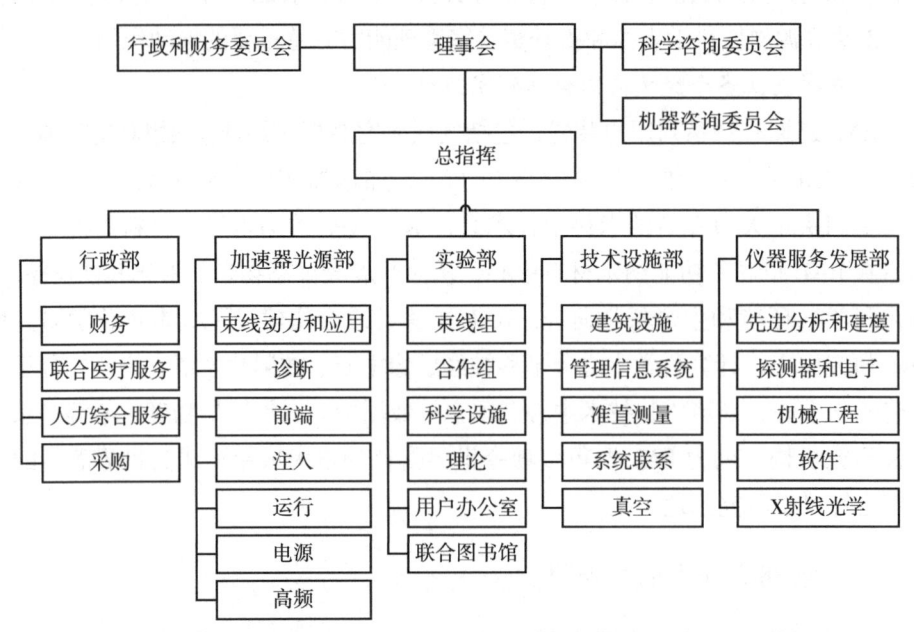

图 7-2　欧洲同步辐射光源公司的组织结构

来源：欧洲同步辐射光源网站。

3.性能优越且不断提升仪器研发技术

自 1994 年运行至今，ESRF 从未发生过故障，成为世界上性能最好、可靠性最高的 X 射线辐射光源。有学者认为，ESRF 性能卓越的一个重要原因在于，ESRF 的成立文件中即规定了要将每年运行费用的 20% 用于更新仪器。这一规定让设施能够大幅更新改造。性能获得保障的另一个原因是成立仪器设备研发的专门部门——仪器服务发展部，该部门在充足预算的支持下，光源仪器研制和机器方法学得到代系累积，同时对线站所提需求具有高响应度。2015 年，ESRF-EBS 项目启动，投入 1.5 亿欧元，在现有基础设施内建造一个新的存储环。2020 年，ESRF 推出了极亮光源（EBS），这是第一个高能第四代同步加速器光源，与以前的光源相比，其 X 射线的性能提高了 100 倍，用电量减少了 30%。

4.科学支撑效率较高

ESRF 是世界上同步辐射光源发表论文数量最多的光源，1994—2014 年的 20 年间，用户一共在同行评议杂志上发表了 25148 篇关于 ESRF 的文章，每年发表论文 1500 多篇，其中约有 300 篇发表在高影响力杂志上。ESRF 的输出光束线不断增加，分为公共类束线和合作研究组束线，每条束线一般配置 2 名科学家、2 名博士后和 1 名技术人员。每年申请到 ESRF 进行各种应用科学研究的项目多达 2000 个，科学家达 6000 人次，研究内容涉及物理、化学、材料科学、生物、医学、地理和地质考古等多个重要领域。从国际比较来看，ESRF 的发文数量较 APS 和 SPring-8 光源更多，是 SPring-8 光源发文数量的 2 倍（Hallonsten，2013）。

5.带动形成科学设施集群和区域综合发展

ESRF 和与之毗邻的劳厄-朗之万研究所（ILL）、欧洲分子生物学实验室（EMBL）和结构生物学实验室（IBS）一起建设了结构生物学研究合作伙伴——格勒诺布尔结构生物学联合体（PSB），专门研究用于医学目的的蛋白质结构。格勒诺布尔被誉为"科学的多边形"，固定研究人员有 6000 人，每年的流动研究人员约有 20000 人，各类学生有 5000 人，年经费为 8 亿欧元，拥有大型国际实验室和国家中心，以及爱立信移动通信、施耐德电器集团和西门子公司等一批大型企业。2008 年，格勒科学半岛推出了宏大的 GIANT 计划（格勒先进新技术创新园），由包括 ESRF、ILL、EMBL 等 3 家国际大科学装置，法国原子能委员会（CEA）、法国科学院（CNRS）等 2 家法国国立科研机构，以及格勒诺布尔管理学院（GEM）、格勒诺布尔国立理工学院（INP）、格勒诺布尔阿尔卑斯大学集团（UGA）等 3 所大学在内的 8 家机构共同发起，共同建设 GIANT 园区，营造开放创新生态。

（二）德国的同步辐射光源——PETRA-Ⅲ光源

PETRA-Ⅲ光源是能量为6GeV的高亮度第三代同步辐射光源，其特征如下。

1. 由国立科研机构管理

德国大型科技设施的管理分为三级管理体制，与中国科学院管理的重大科技基础设施较为类似。政府管理部门是德国联邦教育与研究部（BMBF），负责设施的规划、建造、运行和经费管理。亥姆霍兹学会（HGF）是德国四大国立研究组织之一，德国多数大型科技设施隶属于该学会。德国电子同步加速器研究中心（DESY）是亥姆霍兹学会下属的从事高能物理研究的国立研究机构。

2. 通过不断改进升级而保持研究能力

1975—1978年，DESY建设了正负电子串联环形加速器（PETRA），储存环周长达2.3千米，是当时世界上同类加速器中最大的储存环。起初，PETRA是粒子物理研究和同步辐射兼用的第一代光源。1991年进行了改进，新建了2条高亮度波荡器光束线，称作PETRA-Ⅱ；2009年耗资2.25亿欧元再次进行升级改造，新建了14条高亮度波荡器光束线。DESY计划将其扩展为用于化学和物理过程的高分辨率3D X射线显微镜——未来的PETRA-Ⅳ项目，将X射线视觉扩展到从原子到毫米的所有长度尺度。研究人员可以在现实操作条件下分析催化剂、电池或微芯片的内部变化过程，并有针对性地定制具有纳米结构的材料。除PETRA-Ⅲ光源之外，DESY还建设并于2006年投入使用了世界上第一台软X射线自由电子激光装置（FLASH）；联合欧洲11个国家建设并于2017年运行欧洲X射线自由电子激光装置（XFEL）。XFEL是基于超导加速器技术的硬X射线自由电子激光装置，总耗资约为15亿欧元，一半左右由德国出资，另一半由其他国家分担。设施长度为3.4千米，现在同时为3条FEL光束线提供用户实验。

3. 与欧洲跨国研究组织和产业开展合作研究

欧洲分子生物学实验室在PETRA-Ⅲ光源建立了一个结构生物学综合研究设施，包括3个先进测量站。PETRA-Ⅲ光源还为产业材料研究提供了广泛的可能性，如检查焊缝、研究工件疲劳迹象或分析未来汽车和飞机的新金属合金。

（三）英国的同步辐射光源——钻石光源（DIAMOND）

钻石光源是目前世界上性能最好的第三代中能（3GeV）同步辐射光源，也是英国第一台第三代同步辐射光源。2002年，英国政府批准建造钻石光源，构成ESRF的补充（英国占有ESRF约14%的运行时间），替代本国已接近使用寿命的上一代光源（SRS）。其特点如下。

1. 成立专门的非营利公司实体进行管理

钻石光源是 40 多年来英国投资兴建的最重要的大科学装置和最大的民用科研基地，总投资为 2.35 亿英镑，由英国科学和技术设施委员会（STFC）的中心实验室研究理事会（CCLRC）与英国最大的生物医学研究慈善机构——威康信托基金会共同建设，双方各投资 86% 和 14%。2002 年，双方合资成立了英国钻石光源有限公司，负责钻石光源的开发和运营。由科学顾问委员会（SAC）、用户委员会（DUC）、产业科学委员会（DISCo）分别代表关键利益相关者，对公司首席执行官发挥顾问咨询作用。每年支撑超过 3000 名研究人员开展研究。

2. 建设之初即明确改造升级计划

2007 年，钻石光源 7 条线站投入使用。钻石光源的二期建设预算 1.2 亿英镑在 2004 年确定，主要用于进一步建设 15 条光束线站实验室和发展探测器，2011 年全部完成。2011—2015 年完成了三期建设，投资 1.37 亿英镑。之后计划平均每年新建 2~3 条光束线站，并最终达到总容纳量 40 条。目前，钻石光源的有效运行时间为每年 5000 小时，预期运行 30 年或更长时间。

3. 重视发挥产业研发支撑能力

英国为走出"英国发现、美国应用"的怪圈，以 20 世纪 70 年代罗斯切尔德原则（政府部门通过顾客-合同关系资助部门内的"应用性"研究与开发工作）的提出为标志，开始了科技体制改革。20 世纪 80 年代末，英国政府发表报告《科学基地的战略》，反映了英国科技政策进行了"市场牵引"的战略性转变。在钻石光源的定位和线站设计上，也注重对工业用户的保障和产业研发的支撑。钻石光源广泛吸引产业用户开展科学实验，在工业材料、生物技术、医学、环境和材料研究中取得了突破性进展。例如，使用强 X 射线穿透如机翼般的复杂大工程结构，分析机件状态，精确快捷地探测金属疲劳，改善飞机涡轮和机翼的素质，可大大减少因金属疲劳导致的航空事故；成功解析手足口病的病毒结构，研制预防手足口病的疫苗；研究致命疟疾寄生虫在活性红细胞中的生命周期，以研制新药抵抗疟疾等。

4. 带动形成科学设施集群和区域综合发展

钻石光源位于英国哈维尔科学和创新园区（HSIC），园区拥有物理、生物、空间等多个大科学装置，成为包括大型核物理、同步辐射光源、散裂中子源、空间科学、粒子天体物理、信息技术、大功率激光等在内的多学科应用研究中心。其大型科学设施主要包括散裂中子缪子源（ISIS）、中心激光装置（CLF）等。园区建设了具有多研究领域技术专长的空间、能源、健康等创新集群，集中了实验室和商业支持，广泛吸引了新建企业、中小企业和大型跨国企业。

三、日本的同步辐射光源——SPring-8 光源

SPring-8 光源是世界上能量最高的第三代同步辐射光源，位于日本列岛中央兵库县的播磨科学花园城。它的英文全称 Super Photon ring-8，意为"8GeV 的超级光子环"，即输出功率为 8 千兆电子伏。其特点如下。

1. 由专业科研机构管理

SPring-8 光源由日本理化学研究所（RIKEN）拥有和管理，RIKEN 委托日本同步辐射研究所（JASRI）运营和维护该设施。JASRI 致力促进 SPring-8 光源的使用，并增加注册使用该设施的机构数量。2007 年和 2011 年，JASRI 分别被选为设施使用推广机构，在特定同步辐射设施中提供使用促进服务。

2. 内部运行人员和用户多

Hallonsten（2013）将 APS 与同期建造、运行经费投入相当的 ESRF、SPring-8 光源的员工数量进行了对比，发现同等预算投入基础上，SPring-8 光源的员工数量在 3 个光源中是最多的，是 APS 的 2 倍左右。主要原因是受服务用户数量的影响，并推测各国实验室组织在人员投入和人员管理上具有差异。SPring-8 光源的光束线站数量多、服务用户多、实验频次高，因此需要更多的运行人员。SPring-8 光源共建成 56 条光束线站，服务日本及全世界科学、工业企业界逾 10 万人次。每年来自高校、公共研究所和企业的用户超过 14000 人，完成课题 2000 项。申请周期是每半年申请一次，这个频率高于大多数光源。

3. 工业支撑和合作能力强，但发文效率相对较低

SPring-8 光源的光束线站被分为 4 类：工业线站、合同线站、RIKEN 线站、加速器诊断线站。与其他光源相比，工业线站所占比例较高，占线站总数的 25%。SPring-8 光源还设置了工业用户协调者岗位，聘用来自企业的资深研发人员，特别是在光源上做过实验的研发人员，他们使用光源的经验丰富，在光源与工业用户的沟通协调上发挥着重要作用。从国际比较来看，与同期建造、投入相当的 ESRF、APS 等高能光源相比，SPring-8 光源的发文数量较其他两个光源要少，仅是 ESRF 发文数量的一半（Hallonsten，2013）。SPring-8 光源做 2 个实验，发 1 篇文章；ESRF 做 1 个实验，发 3 篇文章。

4. 第三代光源与第四代光源形成综合支撑能力

日本依托 SPring-8 光源建设了第四代自由电子激光光源（SACLA）。SACLA

呈细长形结构，加速器隧道、光源楼和实验研究楼三者连为一线，全长约 700 米，大小只有美国、欧洲同类设施的 1/4。与 XFEL 相比，SACLA 具有小型化和节能的特点。SACLA 集结了日本独自的技术，所有部件均是由日本企业制造完成。SPring-8 光源、SACLA 还与神户研究所的世界上最快的新一代超级计算机"京"联合进行数据分析，大大提升了研究的综合支撑能力。

第八章

上海同步辐射光源建设管理

上海同步辐射光源（以下简称"上海光源"，SSRF）是我国设计建造的第一台第三代同步辐射装置，由周长 432 米、3.5GeV 的电子储存环，周长 180 米、3.5GeV 的增强器和 150MeV 的直线加速器组成。截至 2022 年 6 月，共有 27 条光束线、39 个实验站开放运行。上海光源项目 1995 年启动概念设计，2004 年正式开工，2009 年竣工并正式对用户开放，总体性能位居国际先进水平。上海光源的建设不仅是对我国科技力量的考验，更是对我国管理体制和管理能力的考验。

重大科技基础设施建设期管理的本质是大型复杂工程项目管理。本章参照项目管理相关理论，从建设组织管理、建设内容管理、建设过程管理等 3 个方面，对上海光源建设管理进行了分析。

第一节　建设组织管理

参与主体多是基础设施建设的共同特征。复杂产品的内容和结构越复杂，对设计、开发和系统集成的技术要求越高，所涉及的利益相关者协同机制就越复杂。与一般基础设施不同，重大科技基础设施的建设主体一般是高水平科研机构，利益相关者大多数都具有知识密集特性。重大科技基础设施建设期的利益相关者主要包括系统集成单位（建设组织）、供应商、用户、协同研发机构、外部专家、政府相关部门等。利益相关者组成创新网络，共同参与创新过程中的研发、试验、生产、验证、调试、维护等创新活动的各个环节。本节参考米切尔评分法，对国家重大科技基础设施利益相关者的合法性、权力性、紧迫性进行分析（Mitchell&Wood，1997），并将知识性维度加入分析框架（表 8-1）。

表 8-1　设施建设期利益相关者分析

利益相关者	分析维度	相关职责	合法性	权力性	紧迫性	知识性
核心利益相关者	建设组织	处于项目实施中心地位，向管理部门负责，协调其他利益相关者	强	强	强	强
管理利益相关者	国家管理部门	批复建设资金，监管建设过程，组织国家验收	强	强	较强	较强
	地方管理部门	对项目进行配套支持	强	较强	强	较强
	主管部门	组织项目申报、监督进度、组织专业组验收	强	强	较强	较强
	法人单位	提供管理资源和配套支持	强	强	强	强
科学技术利益相关者	用户	提出光束线建设和调整意见，参与试运行	强	较弱	强	强
	专家	对科学目标、设计方案等问题提出建议；评审建设过程中的重大调整事项	强	较弱	较强	较弱
	供应商	通过招标程序，研制加工相关部件	较弱	较弱	较强	较强

建设期利益相关者的相互关系如图 8-1 所示。

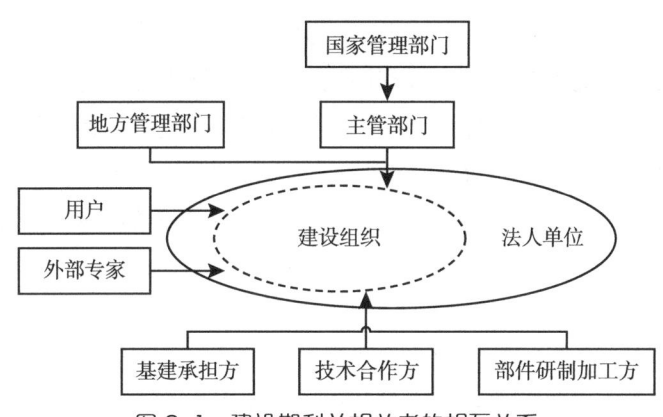

图 8-1　建设期利益相关者的相互关系

一、项目制组织管理

（一）工程经理部——研制型组织

在预制研究阶段，上海光源就已经建立了较为完备的研制型组织结构（图 8-2）。工程指挥部下设工程总体部，工程总体部下设 20 个专业组，形成了正式建设阶段组织结构的雏形。

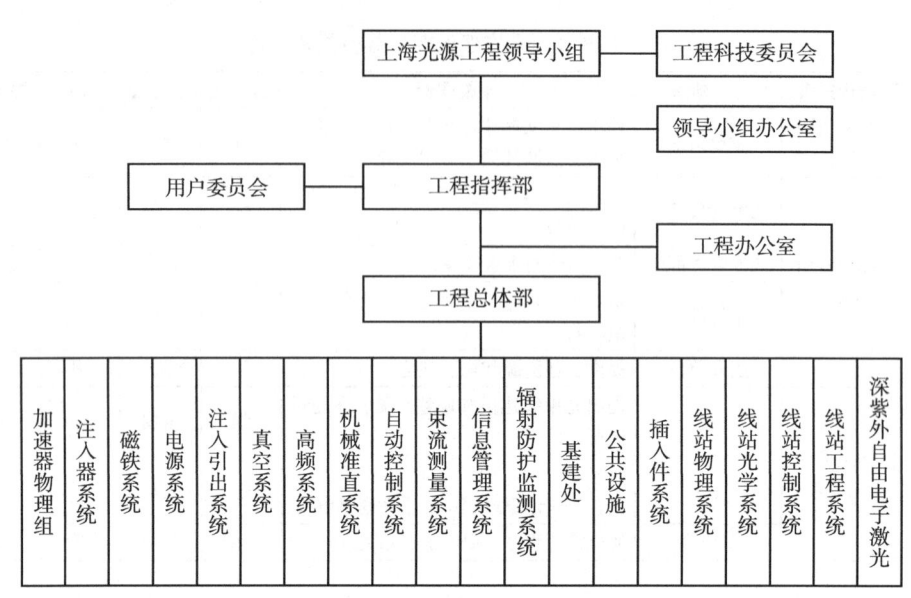

```
                    ┌──────────────────┐   ┌──────────────┐
                    │ 上海光源工程领导小组 │───│ 工程科技委员会 │
                    └──────────────────┘   └──────────────┘
                              │            ┌──────────────┐
                              │────────────│ 领导小组办公室 │
                              │            └──────────────┘
    ┌──────────┐    ┌──────────────────┐
    │ 用户委员会 │────│    工程指挥部     │
    └──────────┘    └──────────────────┘   ┌──────────────┐
                              │────────────│   工程办公室   │
                              │            └──────────────┘
                    ┌──────────────────┐
                    │    工程总体部     │
                    └──────────────────┘
```

加速器物理组 | 注入器系统 | 磁铁系统 | 电源系统 | 注入引出系统 | 真空系统 | 高频系统 | 机械准直系统 | 自动控制系统 | 束流测量系统 | 信息管理系统 | 辐射防护监测系统 | 基建处 | 公共设施 | 插入件系统 | 线站物理系统 | 线站光学系统 | 线站控制系统 | 线站工程系统 | 深紫外自由电子激光

图 8-2 上海光源预制研究阶段的组织结构

在建设期，上海光源成立了工程经理部，下设工程办公室作为组织实施机构。上海光源由中国科学院上海应用物理研究所（以下简称"上海应物所"）所长担任工程经理部总经理，负责合理调配资源，保证工程实施；责成研究所管理部门为工程提供管理支持；保证单位自筹资金落实到位；掌握工程进展，及时发现并解决问题。这一机制保障了研究所对项目的资源调配和有效配套支持[①]。同时，由上海市城乡建设和管理委员会（今上海市住房和城乡建设管理委员会）副主任担任副总经理，保证项目在上海市"落地"，大大加快了项目审核、环评、规划等进程。

上海光源采取矩阵式管理模式，构建了工程经理部—分总体—系统三级工程实施和管理体系，在重大科技基础设施管理体系中具有典型性。具体的组织结构是，在工程经理部下设立加速器技术总体组、光束线技术总体组、建安与公用设施技术总体组，并按照专业技术分为加速器物理专业组、高频技术专业组、直线加速器专业组等19个专业组，分别对应总体组的建设任务（图8-3）。与预研阶段相比：①将预研期工程总体部下的20个分系统纳入纵向的8个技术部，成为通用的技术研制力量，类似于为工程提供技术基础的"乙方"；②由横向的3个技术总体组（7个技术分总体）开展技术集成和工程集成，类似于提出标准并把

---

① 中国科学院管理办法还规定，当责任单位法定代表人不担任经理时，应与经理签订协议，并签署法人委托书，授权经理在协议规定的范围内作为项目法人代表行使职权。

控质量的"甲方"。

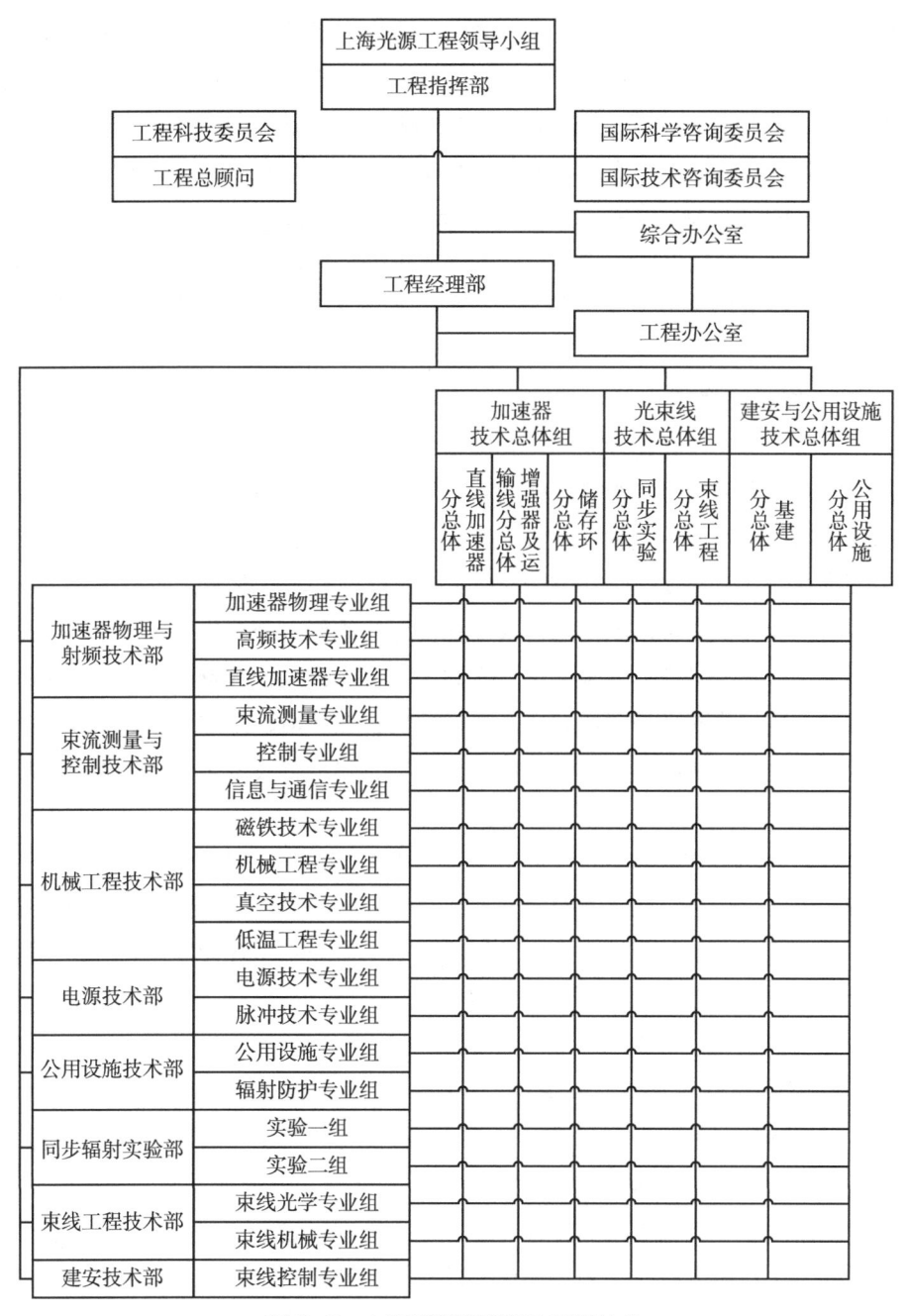

图 8-3 上海光源建设期的组织结构

矩阵式管理能够将组织横向和纵向联系较好地结合起来，并将不同部门的专业人员组织起来，较为适合重大科技基础设施这类复杂建设项目的管理。其优势在于：①获得适应环境双重要求所必需的协作，基础核心技能可供所有项目共享，如电源技术、机械工程技术等，不但对自身的职责范围负责，而且与7个分总体之间形成若干的"节点"；②有利于实现人力资源的弹性共享，既保证了各技术领域的专业性，又不断从集成角度利用专业技术，实现技术集成；③适于在不确定环境中进行复杂的决策和经常性的调整，及时发现问题，提高反应能力；④有利于以相对少的资源完成项目；⑤具有可持续性，上海光源的矩阵式管理在目前的运行中依然发挥着重要作用，能够让研究人员同时精于运行、专项技术、工程建设。

（二）组织保障

在上海光源立项和建设期间，我国重大科技基础设施"国家宏观管理部门—主管部门—建设单位"三级管理体制正在形成和完善过程中。上海光源建立了主管部门级别的工程领导机制（主要是工程建设领导小组和工程指挥部），该工程组织领导层级高、地方政府对工程支持力度大。具体表现为，在技术资源配置上，中国科学院在全院范围内进行人才和资源的优势组合，集中了多个研究所的技术力量，打破各研究所界限，进行所间协同合作；在行政资源配置上，上海市支持项目用地，共同承担预研费用和建设费用；在环境、规划、土地、建设等政府审批流程上，各部门与项目高度配合，为项目建设解决困难，大大推进了项目进程。

工程领导小组是项目主管部门级别"一事一议"的专门项目管理机制。上海光源预制研究立项后，由于上海市支持了3/4的预研资金，为了更好地协调院地关系，由中国科学院与上海市政府共同成立了上海光源工程领导小组，由中国科学院院长和上海市市长分别担任工程领导小组组长、副组长。

工程指挥部是工程领导小组直接领导下的项目实施机构。1997年中国科学院计划财务局发布的《中国科学院大科学工程建设管理条例（试行）》中规定，项目工程指挥部是工程的实施机构，这一称谓是当时的历史时期特有的。在中国科学院现行管理办法和通常建设惯例中，一般称为工程经理部。由于历史原因，在建设期保留了工程指挥部和工程经理部两个管理层级。工程指挥部是在预研期间成立的，比一般大科学工程实施机构的行政级别要高半级，分别由中国科学院副院长和上海市副市长担任工程指挥部工程总指挥和副总指挥，负责实施预制研究工作计划，以及与工程立项相关的部分前期工作。

（三）人员管理

设施建设依赖科技人员的技术能力，因此人才队伍建设对于设施建设至关重要。重大科技基础设施项目的人才队伍发展过程，是一个整合相关人力资源、逐渐实现建设组织资源内部化的过程。上海光源人才队伍的发展过程可分为以下三个阶段。

1. 预研阶段（1999—2001年）

中国科学院在全院范围内进行人才资源的优势整合，打破院内研究所界限，并要求位于北京的高能物理研究所对项目进行人员支持，在调沪人员安置、住宿、补贴、奖励等方面给予积极支持。工程指挥部根据"按需设岗、按岗聘任、公开招聘、双向选择"的原则，在高能物理研究所、上海原子核研究所（上海应物所前身）、中国科技大学等单位及应届毕业生中共招聘（含返聘）143名成员，聘任各分总体及系统级负责人，并通过"引智计划"吸引国外人力资源组成预研队伍。其中，40岁以下科技人员81名，形成了较为合理的人才年龄结构。预研启动时，除少数骨干人员外，大多数科研人员从未涉足同步辐射领域，且面临夫妻两地分居、工作压力大等困难。在预研的两年半时间内，工程人员经费为2140万元，占预制研究项目经费的26.8%。由于国家经费不能用于人员经费，该部分经费来自上海市投资。

2. 建设前期（2001—2004年）

由于国家科技教育领导小组对上海光源提出了用户、体制机制及经费问题，工程立项推延。中国科学院支持了预制研究二期，实际上主要的任务是稳定队伍，并加速培养年轻队伍，实现技术骨干的代际转移。工程指挥部通过国内科学网络开展招聘，同时开展海外招聘，稳定和发展了工程队伍，高效地完成了可研和初设。

3. 工程建设阶段（2004—2009年）

经过多年的前期积累，项目人员管理体制逐步理顺，人员总数增加至300多人，主要来自研究所内部人员、中国科学院内部引进、社会招聘人员和海外归国人员，形成了一支年龄结构合理、员工稳定、知识技能齐全、评聘晋升机制合理、富有活力的建设队伍，对工程的顺利实施发挥了关键作用。

二、合作研制的知识网络管理

上海光源的建造目标是形成能够为多学科科学研究服务的物质设施。在建设阶段，既符合国家项目的等级管理特征，又具有科学技术合作网络的特征。建设组织在凝练用户科学需求并综合考虑国家经济社会发展需求的基础上，通过采购来组织相关研发力量进行攻关，自身则完成设施层面的集成。在这个过程中，建设组织作为知识网络核心，整合相关资源，形成独特的知识网络，指挥和协调整个研制组织中的各种活动。网络主体包括模块供应商、基建承包商、设计机构、科学技术伙伴和用户（图8-4）。建设组织研究开发系统内嵌的关键核心技术、零部件及系统集成技术；掌握理解复杂产品系统内嵌于各部件的技术，以及各集成模块间的界面接口技术要求。同时，建设组织还需要通过网络合作机制有效联合外部供应商资源，利用供应商专业技术，并有效降低项目成本，确保各关键外包商的研制和整个设施集成能够按照预设路径顺利推进。模块供应商根据建设组织的安排，在建设过程的某些环节参与复杂系统个别模块创新任务。外部专家和科学技术伙伴能够提供科学技术咨询和联合研究，协助共同解决建设过程中遇到的技术难题。

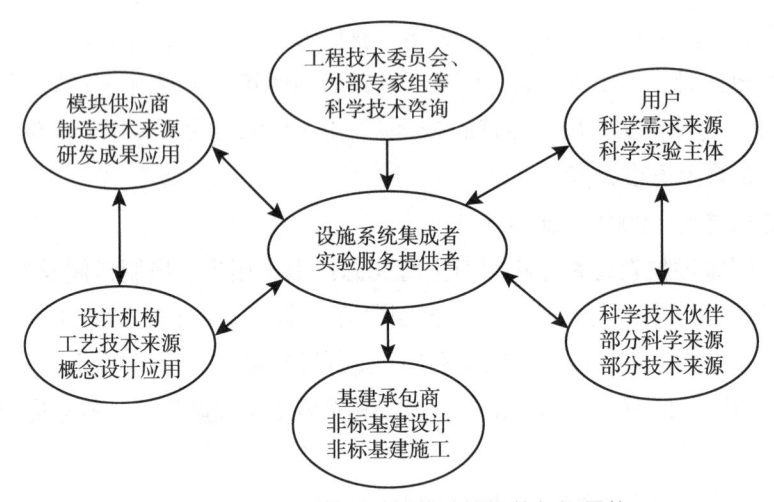

图 8-4 重大科技基础设施建设期的知识网络

重大科技基础设施的研制需要采用大量新设计、新工艺、新部件，技术难度和建设不确定性高，需要有效的科技咨询机制加以保障。国际同行也普遍认为，研究的要求超越了当前的发展状态，实验室的研究人员就需要创造一个全新的技术解决方案。即使经过充分的预先研究，建设过程中也会遇到许多新问题，有时需要调整设计方案。因此，上海光源在建设过程中特别注意建立和利用科技专家咨询机制。

上海光源在预研和立项过程中，逐步建立了工程科技委员会、国际科学咨询委员会、国际技术咨询委员会，设立了工程总顾问。按照中国科学院大科学工程管理办法，科技委员会主任原则上由非建设单位的人员担任，成员由工程领导小组确定，由中国科学院聘任。上海光源建设过程中，科技委员会咨询工作与项目建设紧密结合，在研制过程的关键节点，专家们适时评议并对科学技术的目标、方案、创新工艺及创新产品、长期发展提出建议，对工程任务书、光束线的设计方案，关键部件、设备样机（首件）的工艺和集成单元总体工艺、调整设计方案等进行综合评估。专家咨询机制能够推动技术路线的优化，验证设计方案、工艺方案的可行性和可靠性。

上海光源作为公用设施，用户需求是光源建设的出发点和落脚点。加速器性能再优越，若不能符合用户需求，也无法有效开展工作。上海光源多次召开用户研讨会，不断优化光束线性能，持续研究如何满足用户不断增加的质和量的需求。广泛培育用户，提升用户参与的深度和广度。在用户线站的设计上，根据国内用户和工程科技委员会的意见和建议，工程经理部对部分线站的设计目标进行了调整优化，在设施开工后仍经历了两次方案调整。

三、专业供应商管理

上海光源在建设过程中广泛委托国内厂家研制加工部件，采取了有效的合作研发管理和合同管理，收效显著。相比国际采购，国内采购具有灵活性高、监造管理半径短、可控性较强等优点。上海光源于2014年获得国家科学技术进步奖一等奖。从获奖的相关单位及合作方面，可以看出建设过程中协同研发的国内合作单位（表8-2）。

表8-2 上海光源申报国家科学技术进步奖的部分相关单位及合作方面

序号	单位名称	合作方面/供应部件	单位性质
1	中国科学院上海应用物理研究所	整体集成、关键部件	中国科学院院所
2	中国科学院高能物理研究所	磁铁等	中国科学院院所
3	上海现代建筑设计（集团）有限公司	建筑设计	上海建筑企业
4	上海建工集团股份有限公司	建筑施工	上海建筑企业
5	中国科学技术大学	磁铁等	中国科学院大学
6	中国科学院长春光学精密机械与物理研究所	光束线设备	中国科学院院所
7	中国科学院沈阳科学仪器股份有限公司	光束线设备	中国科学院企业
8	中国科学院理化技术研究所	低温	中国科学院院所
9	中国科学院西安光学精密机械研究所	单色器	中国科学院院所
10	西安爱科赛博电气股份有限公司	电源	民营企业

续表

序号	单位	合作方面/供应部件	单位性质
11	上海三井真空设备有限公司	泵	民营企业
12	北京利方达真空技术有限责任公司	前端区（束线）	民营企业
13	上海克林技术开发有限公司	磁铁	民营企业

来源：上海光源档案及访谈内容。

根据承担建设任务性质的不同，国内供应商可分为3类：建筑设计与施工方、主管部门下属部件研制制造单位、社会企业部件研制制造商。这些利益相关者分别从核心部件研制、建筑设计和施工、高性能通用部件设计制造3个方面做出了自己的贡献。

在核心部件研制方面，中国科学院下属科研院所、大学及院所企业构成了合作研制主体。上海光源的核心部件研制主要集中在中国科学院系统内部，这主要是由于中国科学院下属研究所和大学的加速器研制技术实力强、互补性高，加之中国科学院有力协调加速器研制技术资源，形成了以上海应物所为主体、院内机构紧密合作、协同研发的核心部件研制网络，弥补了项目建设初期在第三代光源研制方面经验的不足。中国科学院高能物理研究所、中国科学技术大学凭借在光源和加速器研制方面的丰富经验，在第三代光源建设的过程中承担了大量研制任务，对光源的成功研制发挥了关键作用。在建筑设计和施工方面，上海光源位于浦东新区，软地基在建筑设计和施工方面面临许多问题，建筑结构是将1.45米厚的钢筋混凝土板固定在1000根长48米、直径0.6米的桩上，成本高、难度大，地方大型建筑企业在设计施工方面发挥了重要作用。在高性能通用部件设计制造方面，西安爱科赛博电气股份有限公司、上海三井真空设备有限公司等一批民营高技术公司结合自身军工和型号研制经验，围绕光源需求，承担了电源、泵等通用部件的研制工作，通过自身的技术研发取得突破，获得了加速器领域的认可。

供应商通过技术创新，对设施建设提供重要支撑。以电源系统为例，电源系统是同步辐射光源中的重要基础性子系统。西安爱科赛博电气股份有限公司是上海光源的主要电源供应商，从事特种电源研制生产已有近20年的历史，为航空军工、加速器、特种工业领域提供先进可靠的大功率电源设备和定制化解决方案，参与多项国家重大科学工程和军工重点型号工程，曾承担中国科学院高能物理研究所加速器电源的中标和样机研制，在加速器电源市场有一定的技术积累。上海光源建设过程中，该企业承担上海光源增强器动态电源项目，包括增强器磁铁电源、输运线磁铁电源、储存环二级磁铁电源、储存环四级磁铁电源和快校正磁铁电源的研制、生产和调试工作。在研制过程中，该企业与上海应物所紧密合作，采用了功率部件串联技术、多环控制方法、动态功率波动抑制技术，使部分指标优于国际上其他同类加速器电源，研制出的设备保障了光源的供光与试验，该项目顺利完成，为光源的可靠工作铺平了道路。从这个案例可以看出，随着国内企业创新积累和技术创新能力的提升，设施通过合同采购，吸纳国内研发能力较强的企业共同研制开发关键技术系统，能够有效利用外部研发资源、降低研发成本、聚焦核心技术、提高研发效率、实现国产替代进口。

从复杂系统开发过程的特征来看，复杂系统的设计、测试和交付使用后的升级更新过程都是多重非线性的反馈过程，需要所有位于复杂系统研制链条上的相关单位参与，复杂产品系统任何部件的变化和修改都需要充分考虑对其他部件的影响。因此，与供应商的关系并非简单的商品采购，而是要配合项目制组织开展研发，共同突破关键技术。各供应商也需要对系统集成技术进行了解。工程经理部根据研制内容的不同，在建设研制的不同阶段，选择、评估、调整供应商。由于重大科技基础设施研制的周期和成本约束性较强、技术难度高，因此供应商网络成员具有较高的黏性。

供应商为上海光源建设组织的技术集成提供了支撑，起到了替代进口、节约成本的作用，也为本企业提升研制能力并打开市场发挥了重要作用。当供应商未能按时交付部件产品，建设组织难以通过商务手段化解这一风险时，只能通过自身研发来弥补。综合以上情况，我们将建设组织与供应商的互动关系归纳如图 8-5 所示。在建设过程中，建设组织根据部件技术和研制加工的复杂程度，对研制加工企业进行不同程度的规范管理；及时识别高风险合同，对合同项目的质量、进度、造价进行全面监督，并在风险发生时及时采取补救措施。

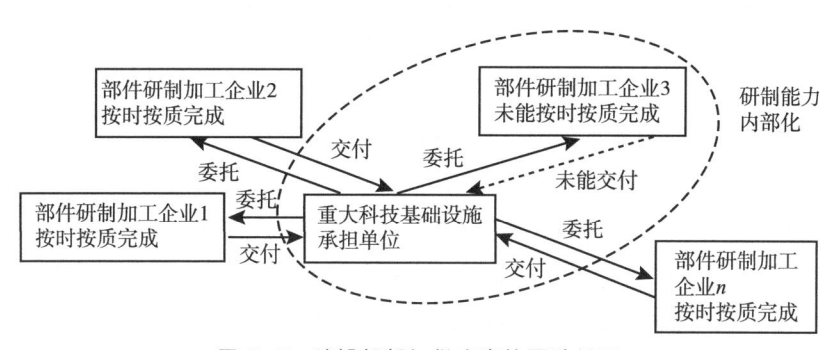

图 8-5　建设组织与供应商的互动关系

第二节　建设内容管理

一、技术特点

重大科技基础设施的科学技术复杂性，主要表现在涉及学科及技术范围广且新知识渗入程度高、支撑技术涉及领域广、装置多技术系统协调等方面。同步辐射光源技术是典型的重大科技基础设施复杂技术，可从学科基础、支撑技术、装置技术3个方面分析（图8-6），这是开展技术管理的分析起点。

```
                              装置技术
┌─────────────────────┬─────────────────────┬─────────────────────┐
│    条件产生技术      │    条件提升技术      │      终端技术        │
│ 电子直线加速器（加   │ 增强器加速器及储存环 │ 光束线及实验站（电子 │
│ 速系统、微波功率源   │ 加速器（磁铁电源系   │ 探测技术、数据处理技 │
│ 系统、真空系统、束   │ 统、高频系统、超高真 │ 术、精密机械技术）   │
│ 流测量系统等）       │ 空系统等）           │                     │
└─────────────────────┴─────────────────────┴─────────────────────┘
                ⇧                ⇧                ⇧
                              支撑技术
  超高真空技术、磁铁电源技术、环境参数监检测技术、精密制造技术、自动
              控制技术、信息通信技术、数据处理技术
                              学科基础
┌─────────────┬─────────────┬─────────────┬─────────────┐
│   基础科学   │    工程学    │   电子信息   │     其他     │
│  粒子物理学  │   工程结构   │   电子系统   │    管理学    │
│  加速器物理  │   工程材料   │  计算机系统  │    生物学    │
│  光子科学    │ 制造工艺技术 │   通信系统   │    材料学    │
│    数学      │    控制论    │              │     化学     │
└─────────────┴─────────────┴─────────────┴─────────────┘
```

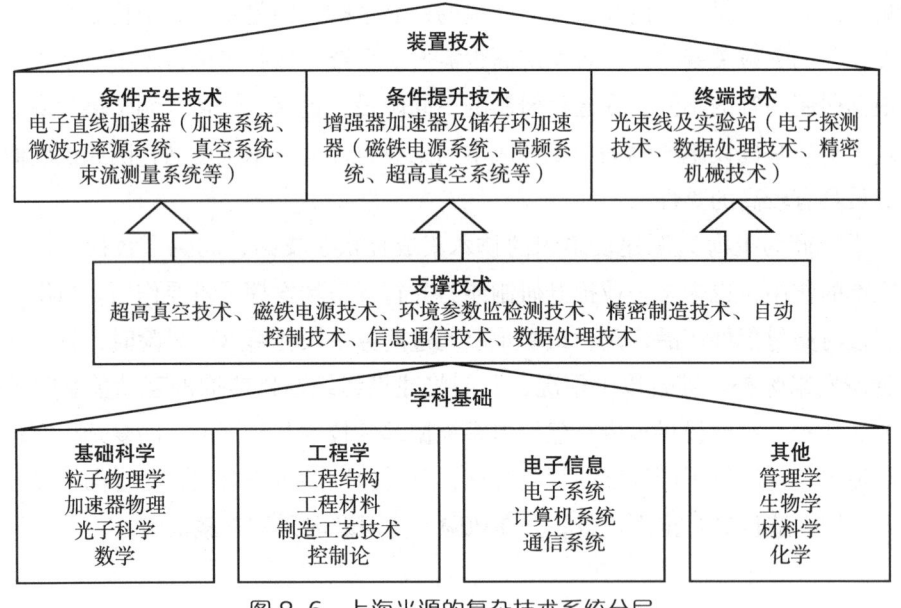

图 8-6　上海光源的复杂技术系统分层

（一）涉及学科及技术范围广且新知识渗入程度高

同步辐射光源的学科基础包括基础科学、工程学、电子信息、管理学等，需要的知识和技能范围广，包括物理、机械、电子信息等多个学科，部件研制及系统集成难度极高。同步辐射光源的原创性和创新性强，新知识渗入程度高，开发的技术及设备一般不具备成熟基础。同时，作为用户设施，同步辐射光源需要围绕用户需求设计设施方案，用户学科包括材料、生物、物理、化学、微机械加工、信息、环境等。

（二）支撑技术涉及领域广

同步辐射光源的支撑技术包括超高真空技术、磁铁电源技术、环境参数监/检测技术、精密制造技术、自动控制技术、信息通信技术、数据处理技术等通用技术。此外，同步辐射光源对工业加工能力、特殊材料生产、产业配套等工业基础和水平都有很高的要求，需要国家在相应领域有一定的能力和基础。

（三）装置多技术系统协调

复杂系统的复杂性在于其对技术深度与宽度、新知识运用程度及客户化程度的要求高，通常是由许多不同技术领域的元件或次系统所集成，不同技术在不同层次水平上相互作用的多技术系统（Hobday，2000）。上海光源技术系统协调涉及电子直线加速器对应的条件产生技术，增强器加速器及储存环加速器对应的条件提升技术，光束线及实验站对应的终端技术。要想让众多装置形成系统性，就要求多种技术协调，包括高频、磁铁、电源、真空、注入引出、机械准直、自动控制、束流测量、信息管理、线站物理、束线光学等20个技术系统的协同研发和相互作用，以保证性能和低故障率。

二、技术总体和技术系统

划分技术总体和技术系统是复杂技术系统常用的管理方式。上海光源技术管理人员将光源分为建安与公用设施技术总体、加速器技术总体和光束线技术总体。以下主要分析与设备技术工艺相关的加速器技术总体和光束线技术总体。

加速器技术总体包括直线加速器、增能环、储存环三台加速器。直线加速器的电子枪产生高品质的电子束，之后电子束来到被称为增强器的环形加速器内被加速到更高的预定能量，然后注入储存环中；电子沿着储存环运动，在储存环的不同位置，电子从弯转磁铁或各种插入件内发出高性能的同步辐射光，这些同步辐射光通过一系列光束线传输到不同的实验站中，在传输过程中需要各种精密的光学元件对同步辐射光进行一些必要的单色化、聚焦等调制处理，以满足实验的需求。其中，电子储存环是同步辐射光源的主体与核心，它的性能直接决定了同步辐射光源性能的优劣。

光束线技术总体主要包括光束线及实验站。光束线处理和变换同步辐射光，并传输到实验站；在实验站开展科学实验。光束线沿着电子储存环的外侧分布，起着用户实验站与电子储存环的桥梁作用。也就是说，这道"光闸"将从电子储存环引出的同步辐射光束"条分缕析"出从远红外线到硬X射线等不同波长的同步辐射光，并按用户要求进行准直、聚焦等再加工，然后输送到用户实验站。

在实验站，同步辐射光"照射"到各种各样的实验样品上，同时科学仪器记录下实验样品的各种反应信息或变化，经处理后变成一系列曲线或图像。上海光源具有安装26条插入件光束线、36条弯铁光束线和若干条红外光束线等共60多条光束线的能力，可同时为近百个实验站供光。

三、关键部件研制管理

插入件（又称插件磁铁、波荡器）是决定中能第三代同步辐射光源能否产生可与高能光源相比的硬X射线的关键设备，其结构复杂、工艺难度高，是集高精度磁体技术、超高真空技术、精密机械传动和控制技术等多项高技术于一体的光源设备。对插入件的有效利用是第三代光源的显著特征，插入件的水平与第三代光源的性能息息相关，是同步辐射光源的关键设备。与第二代光源仅能安装几个插入件相比，第三代光源可有十几个到几十个插入件。由于插入件产生的光较之弯转磁铁产生的光具有更高的亮度和更好的性能，因此插入件数量的多寡可直观地表征光源性能的优劣。

插入件还是加速器系统和光束线系统的关键连接部件。插入件的物理特性是磁铁，安装位置在储存环，但是从功能上来讲，又根据不同光束线需要来确定插入件的性质和功能。关于插入件应属于加速器技术总体还是光束线技术总体，上海光源曾进行过专门的讨论，最终讨论结果是划分为光束线技术总体，属于光束线前端区。前端区上连电子储存环，下接光束线，是两者的连接纽带，安全、可靠、稳定运行是其最基本的设计要求。

插入件的研制具有复杂性特征，尤其是真空内波荡器，它是集磁场设计、测试和分析以及高性能永磁体制备、精密机械、超高真空、精密控制等技术于一体的高技术装备，研制过程中的技术难度高。在上海光源首批建造的7条线站中，有5条基于插入件的光束线站，分别是生物大分子晶体学线站、XAFS线站、硬X射线微聚焦及应用线站、X射线成像与生物医学应用线站、软X射线扫描显微线站；有2条基于弯转磁铁的光束线站，分别是高分辨衍射线站和X射线散射线站。

上海光源设计建造时，国内尚不具备研制加工插入件的能力。在插入件技术路线确定过程中，考虑到上海应物所尚无光源插入件研制的经验，同时面临人员有限、工程进度进展的限制，工程指挥部决定采取先易后难的策略，在光源的5台插入件中，3台真空外插入件为自行研制，2台难度大的真空内波荡器通过招标方式从国外公司订购。工程经理部攻克了插入件技术的主要难点，包括磁体材料制备、用于超高真空环境的元件和结构的表面处理、大负载精密机械传动、磁场精确测量与垫补。在材料研制方面，与磁体材料厂家合作，通过改进材料制备工艺，解决了磁体技术指标的均匀性问题；通过结构设计、疏松磁体材料表面镀膜包裹、元件表面处理、安装集成工艺与环境控制等措施，保证了超高真空环境的实现。在传动结构设计中，通过选用高精度传动元件、减载弹簧补偿间隙调节过程中磁力的大幅变化，提高传动精度；通过薄垫片多次调整磁极高度，实现磁场精密调节。

第三节　建设过程管理

上海光源经历了建议、预研和建设等多个阶段，跨越了"八五"到"十一五"的十余年时间，可分为3个阶段：①概念设计阶段，1993年丁大钊等科学家提出建议，1995年6月中国科学院批复上海原子核研究所（上海应物所前身）开展可行性研究。②预研阶段，1999—2000年在国家和上海市的支持下开展预制研究；在国家尚未批复项目立项期间（2001—2003年），由中国科学院支持预制研究二期工作。③工程前期和工程建设阶段，2004年年初，国务院批准项目建议书，同年年底国家发展和改革委员会批复可研报告和初步设计，项目正式开工建设；2009年年底，项目通过国家验收（图8-7）。

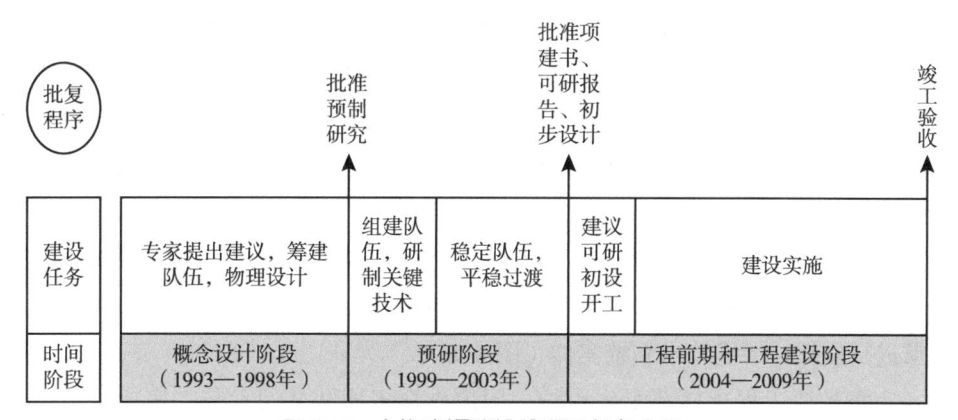

图8-7　上海光源建设阶段及任务变迁

本节将重点关注预研过程和工程建设过程管理，并结合案例，讨论过程调整变更管理。

一、预研过程

由于重大科技基础设施的创新性，设计尚未得到整体验证。建设内容定型是长期和复杂的科学研究过程，一般要经历概念提出、预先研究、小型装置建设和大型装置设计等阶段，才能够最终确立其科学目标、技术目标、应用目标以及装置系统构成。例如，美国斯坦福直线加速器中心的直线加速器相干光源（LCLS）项目，从1992年提出概念到2002年项目建议获得批准，历经10年；我国近年建设的500米口径球面射电望远镜（FAST）、强磁场设施等项目，也都经过10年左右的前期研究和预研，解决了一系列关键科学技术问题，才奠定了立项的基础。

上海光源项目预研初期，上海应物所对建设第三代同步辐射光源的经验非常有限。在通过国家正式立项后，有关部门投入了8000万元经费进行预制研究。预制研究项目主要是在项目提议和概念设计之后，验证项目的工程可行性，其任务是研制对工程质量和进度有重大影响的批量大的非标设备和必须立足国内制造的非标设备，从而掌握建设第三代同步辐射装置的重大关键技术，落实在国内解决关键技术和加工重要部件的具体厂家，掌握装置部件所需要的加工周期和材料及制造费用，并在此基础上完成工程的初步设计，为正式建造做好准备。

在预研过程中，上海光源以技术系统为牵引，研究掌握关键技术，研发非标设备样机。预制研究项目共包括47项关键非标设备，其中2项后来调整取消，1项向国外公司订购，3项委托国内承担，其余41项由上海光源工程指挥部主持完成。上海光源通过工程方式来组织实施预研项目，按照建设过程的功能和目标，可进一步将预研过程分为子系统划分、子系统设计、子系统转化、子系统调试等4个阶段。技术系统转化的结果是形成一代样机，初步掌握关键技术。通过系统功能分析，把设施复杂的需求转化为依托单位内部可识别的具体技术需求，并提出架构设计和技术系统分解，将设施的建设内容分为若干个技术系统，通过对不同技术系统进行分工，由供应商结合已有知识、技能、资源，分别针对系统需求进行创新，形成技术系统实体（图8-8）。

上海光源工程指挥部牵头组织，国内外众多团队共同参与，完成了预研项目，基本掌握了第三代同步辐射装置的重大关键技术，初步完成了工程方案总体设计。上海光源工程方案中，有各类设备3000多台（套），超高真空管道1000多米长，设备控制通道15万个，总配电功率20MVA。上海光源研制建设过程中，坚持自主创新，自主研制的设备超过70%。

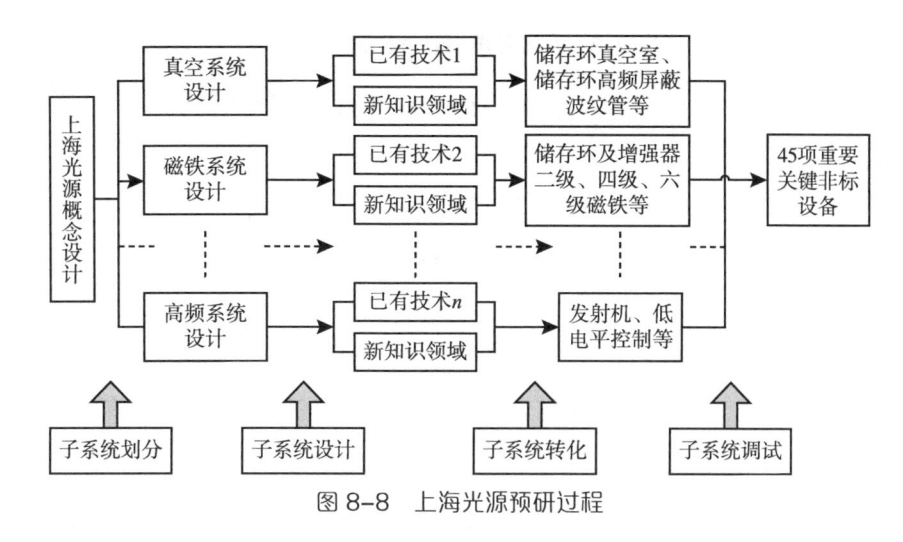

第八章 | 上海同步辐射光源建设管理

图 8-8 上海光源预研过程

预制研究在判断关键技术可行性、工程经费预算、工程进度和工期控制方面发挥了决定性作用。具体作用包括：①技术层面，试验并掌握了非标设备制造的关键技术工艺；了解国内外工业制造水平，落实在国内建造和国外引进关键设备的厂家和公司。②项目管理层面，掌握了设备制造所需的经费、时间、人员，并制订出切实可行的进度、经费、人员计划；优化了工程初步设计，建立了工程质量保证体系。③人员队伍方面，组织培养了技术队伍，大大提升了项目的关键技术能力和人员储备水平。④知识网络方面，通过从国内一代、二代光源单位引进人才，上海光源聚集了一批国内顶级的加速器和束线设计专家，建立了领先的知识网络和广泛的国际联系。知识网络中的知识来源可分为内部来源和外部来源。其中，内部来源是科学家和工程师通过"干中学"和研究开发来实现学习的隐性知识；外部来源包括国内一代、二代光源单位的隐性知识，国际光源及加速器学术界、多学科用户交互、部件供应商技术知识等。

比较北京高能加速器和同步辐射装置、合肥国家同步辐射工程和上海光源的预制研究（表 8-3），可以看出：北京高能加速器和同步辐射装置的预制研究在立项前不进行独立的预制研究，而是立项后边研究边建设，成为工程建设的必要组成部分；合肥国家同步辐射工程的预制研究有相对独立的预制研究阶段，但由于经费有限，只预制研究了最关键的部件和技术，在工程立项后及建设过程中仍有一定比例的预制研究；上海光源的预制研究是第一个由国家正式批准独立进行预制研究立项的重大科技基础设施项目，由国家和地方政府专门投资支持预制研究且以地方投资为主。

表 8-3　我国同步辐射光源的预制研究

项目名称	是否独立阶段	经费来源	预研经费（万元）	工程总投资占比（%）
北京高能加速器和同步辐射装置	否	非独立来源，包含在建设经费中	4000	14.3
合肥国家同步辐射工程	是（立项后继续预研）	中国科学院科研课题	200	—
上海光源	是	国家正式批准独立立项，主要由上海市地方政府出资	8000（其中上海市6000）	6

相比而言，独立的预制研究能够集中攻关关键技术，通过关键设备的研制和技术验证，解决技术薄弱环节问题，扎实的预制研究提升了项目方案的成熟性，加速了工程前期的立项进程，减少了工程建设的风险。预研项目实施过程中形成的技术成果，积累的人才、管理能力、知识网络资源等，推进了我国加速器、光束线和实验站技术的发展，为同步辐射光源的建设和运行提供了必要且坚实的先进技术支撑。从概念设计到预研完成，上海光源经历了大约10年（1993—2003年），这10年也是我国重大科技基础设施立项逐步规范化、科学化发展的阶段。在上海光源项目立项的过程中，重大科技基础设施建设的管理决策层级逐步明确，国家、主管部门、建设单位三级管理体制初步形成。

二、工程建设过程管理

经过详细的预研过程，上海光源项目方案深度达标，因此，仅用1年时间就完成了工程前期的建议书、可研报告及初步设计的批复，进入开工建设阶段。上海光源的建设过程可分为建安工程（2004—2006年）、设备加工与制造（2005—2007年）、安装与系统调试（2005—2008年）、调束与试运行（2008—2009年）4个阶段。

建设阶段，需要在预研形成的一代样机的基础上，按照设备和工程图纸，将项目方案从集成角度实施。按照建设过程的功能和目标，国家重大科技基础设施建设过程可分为分总体划分、分总体转化、系统集成、系统调试4个阶段。上文提到，上海光源将建设内容分为加速器技术总体、光束线技术总体、建安与公用设施技术总体等3个总体。在预研阶段技术系统划分和研制的基础上，根据已有技术进行完善和提升，结合新知识领域开展技术系统的进一步优化，委托供应商进行技术系统加工，转化为总体实体。交付建设单位进行模块集成、接口链接、联合调试，使设施能够作为一个完整的系统运行（图 8-9）。

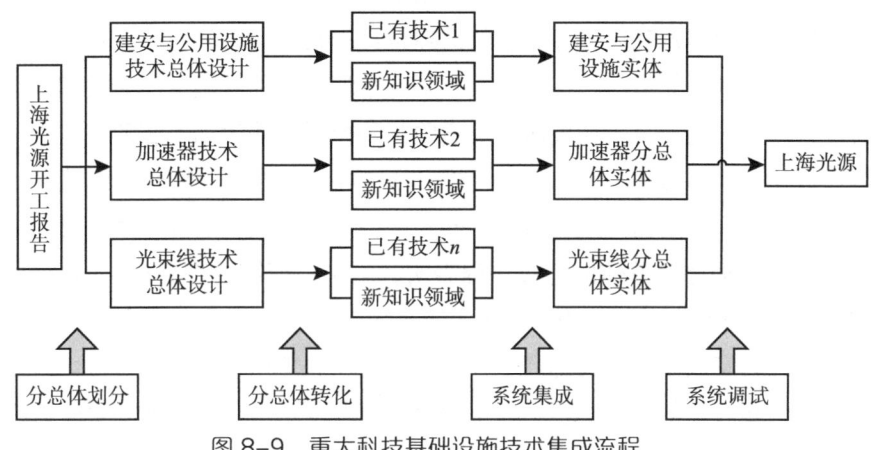

图 8-9 重大科技基础设施技术集成流程

上海光源工程实行了严格的计划管理，按总体、分总体、系统、设备等层级分别制定了包括建设内容、技术指标、工作进度、人员、经费预算等方面的关键路径法（Critical Path Method，CPM）计划，以此作为工程的基准基础。工程管理中也采用了动态管理方法，根据实际进展，合理调整 CPM 计划。在工程建设中，按工作分解结构（Work Breakdown Structure，WBS）来分级管理，从工程设计、加工、测试验收、安装和调试等各个工作细节来分析工程各部分的进展情况，适时调整关键路线，组织力量解决影响工程进度的重大问题。

（一）建安与公用设施

建安工程和公用设施是开工后先行的分总体，依据初步设计方案，陆续完成建筑工程施工，主体建筑、综合办公楼、综合实验楼、用户招待所及餐厅等建筑施工和 35kV 变电站、动力设备房等公用设施工程设备安装。重大科技基础设施的基建并非普通基建，需要根据装置要求与设计施工单位"量身定做"，甚至也可以当作非标设施来管理。建设地点的软土地基特性，对建筑设计和施工提出挑战。为保证装置电子束流的稳定性，储存环隧道基础底板、光束线实验大厅基础底板的振动控制要求及沉降要求远远高于其他建筑。依托单位联合上海本地大型建筑设计及施工企业，通过增加桩基扩径、桩长和数量及桩底注浆工艺，加大实验大厅底板厚度和配筋，增加了钢结构劲性柱和梁柱的配筋及钢结构的用量，满足了工艺要求。

（二）加速器

在主体加速器方面，陆续完成了审定工程任务书、试安装加速器集成单元、批量委托加工、现场安装、分阶段调束等建设工作，之后正式进入加速器设备现场安装阶段。直线加速器分总体在预研基础上集成现有相对成熟技术，率先完成并调试运行。增强器和储存环分系统的建设过程较为曲折，由于工程方案中采用大量新技术，在反复进行验证并多次召开专家评审会的基础上，在关键子系统陆续通过国内外采购和自主攻关研制陆续验收到位后，才启动安装调试过程。此后陆续完成增强器3.5GeV电子束升能并引出，成功实现3GeV电子束储存，获同步辐射光。最后研制调试成功扭摆器插入件，达到流强和束流寿命的设计指标。

上海光源加速器总体的建设过程表明，复杂系统需要在集成层面反复验证。以加速器集成单元试安装为例，加速器集成单元试安装是开始设备批量生产、确认总体设计和安装工艺的关键环节，更是加速器总体由纸面设计迈向大型装置设备批量加工和安装的重要一步。在工程完成储存环机械集成单元和增强器机械集成单元主体设备组装，隧道墙模型、储存环前端模型的安装，以及水管和电缆的连接后，工程经理部邀请专家对设备样机的工艺和集成单元总体工艺进行评估，并依据评估意见进一步完善设备制造加工工艺和集成安装技术，完成小批量设备生产后再进行评估，最终才进入设备大批量生产阶段，并启动加速器总体中20个磁聚单元的安装工作。

（三）光束线

与用户关系密切的光束线和实验站在开工后经历了两次方案调整，并多次召开应用研讨会，就同步辐射在材料科学、高压科学、凝聚态物理、成像技术、医学应用等多学科领域的应用研究及前景进行研讨。光束线和实验站方案确定后，在预研技术基础上进行委托加工，随后进行首批全部7条光束线前端区的隧道内安装；在加速器调束取得积极进展后，将同步辐射光引达第一条光束线站X射线小角散射光束线站实验站，光束线站全面进入调束阶段；最后一条光束线站——生物大分子晶体学光束线站顺利完成首轮调束目标，标志着建设和调试任务全部完成。

三、变更管理——以高性能插入件的研发为例

国家批复的可行性研究报告和初步设计报告所确定的建设内容、性能指标、经费和工期构成工程基准，是工程实施的目标及工程管理的核心（中国科学院，2013）。许多原因会导致工程实施状况与计划发生偏差，且由于重大科技基础设施的工程、科研双重属性，工艺复杂、技术先进、原始创新多、非标加工多，且工程基准确立时间较早，建设过程完全依照工程基准具有较大难度，但只要最终不影响建设目标，就是成功的工程管理。

以高性能插入件的研发为例,在上海光源建设过程中,通过有效的变更管理,成功地应对了插入件这一关键部件进展偏离工程基准带来的项目风险。

上海光源设计建造时,国内尚不具备研制加工插入件的能力。工程经理部按照国际招标采购流程,将X射线成像与生物医学应用线站、X射线吸收精细结构谱学线站的真空内波荡器委托美国企业研制。原计划于2008年3月交付,上半年安装并投入调试,为2条光束线调试提供同步辐射光。然而,监造过程中发现,外方难以按时交付产品,工程面临着供应商进度延期而导致2条光束线在安装完成后不能进行通光调试的问题,对整个工程的按期完成将产生严重影响,而且这一问题从商务角度无法解决。因此,2008年年初,工程经理部决定采取紧急措施,将外包研发改为内部自行研制,紧急启动2台真空内波荡器的自行研制。为了力争自行研制的2台真空内波荡器插入件在2009年年初研制完成并安装调试,工程经理部采取了集中攻关、提升研制力量规格、选择优质加工单位、利用成熟部件、研究所内安装调试等一系列措施,按时完成了研制任务,确保了光源的整体进度和质量,成功地化解了项目风险,还在国内首次掌握了真空内波荡器的设计研制技术。

变更管理成功的因素,可以归结为以下3个方面:

(1)技术能力。通过前期自行研制3台真空外插入件,工程经理部已基本掌握了插入件磁体设计制造、机械结构设计制造和集成、控制系统设计、集成和调试技术,以及插入件磁场测量与垫补技术,并建立起一套工艺装备,为后续真空内波荡器的研制奠定了技术基础。

(2)人员和管理能力。一支稳定的工程技术队伍是重大科技基础设施建设的重要保障。上海光源通过预研和建设,建立了一支多技术系统协作团队。相关人员通过长期从事设施相关的复杂、非标设计任务和精密加工任务,积累了专业技术和研究设计能力,能够通过自身攻关研制部件,对保障项目顺利建设发挥了极为重要的作用。通过建立科学的工程管理体制、质量保证体系和复杂系统管理体系,项目团队确定了技术系统间协同合作的高效工作模式,有效地控制了资源落实和工程进度,并在研制过程中培养了一批技术研发和加工能力过硬的合作厂家。

(3)有效应急管理措施。工程经理部迅速将真空内波荡器研制列为工程关键项目,由工程经理部直接控制,主管经理牵头;从各相关系统抽调技术骨干组成项目组,由各组组长担任系统负责人;邀请国内外专家进行技术评审和讨论,获得技术支持;选择有长期合作、信誉良好的厂家作为非标元件承制单位,缩短加工周期、保证加工质量;由于国产产品难以在短时间内确认磁体工艺状态,决使用合同公司提供的成熟产品（当时美国公司已拿到订购的磁体）；将系统安装集成与调试安排在研究所内完成，掌握主动权，提前做好工艺及条件准备，及时处理出现的问题等。

工程经理部成功以自研代替国外采购，还带来了以下4个方面的溢出效应：

（1）提升专项技术能力。在插入件基本技术的基础上，项目团队进一步掌握了超高真空环境下磁体及紧固结构设计、加工、安装、调试等关键技术，特别是系统集成技术，为之后开展低温、超导等类型波荡器的研发打下了坚实的基础。低温波荡器样机和超导波荡器模型机目前国际上仅有日本、法国等少数国家实验室成功研制并投入使用，是上海光源二期中的关键设备。其中，超导波荡器模型机是国际同步辐射装置中的一种全新型波荡器，国际上刚从样机阶段进入工程应用阶段，也是第四代光源自由电子激光中的关键设备。相关样机的成果研制为我国自由电子激光关键技术研发打下了基础。

（2）提升国内研究和制造工艺水平。相关产品成功应用于上海光源后，在国内外同类科学工程中也得到了应用。例如，为合肥光源改造项目研制了1台真空内波荡器，安装于合肥光源。在为韩国研制的真空内波荡器中第一次使用国产永磁体材料，其成功应用表明国产磁体性能及制造工艺能够满足同步辐射光源真空内插入件的技术要求。

（3）进入国际市场。项目团队在成功研发自用真空内波荡器的基础上，通过国际投标程序，为韩国光源、加拿大光源提供高水平波荡器产品。韩国光源也同样遇到订货厂家无法按时交货的问题，上海应物所为韩国光源研制了一台类似的真空内波荡器，在其光源上顺利调试出光。目前，项目团队正在为加拿大光源研制一台真空内波荡器、一台真空内扭摆器，以及与之配套的磁铁、真空室等配件。特别是真空内扭摆器的磁体结构和磁力对技术和工艺提出了新的挑战，项目团队在加拿大提供插入件磁块的基础上展开进一步的技术攻关。

（4）提升管理能力。国外项目单位对研制设备的质量控制和项目管理要求很高，研发团队在为国外进行设备研制的过程中，积极吸收国际先进的项目管理经验，对资源、进度和措施进行严格控制，进一步完善质量管理体系。合同执行过程也是工程管理制度完善和创新的过程，对上海应物所项目管理水平的提高起到了积极的促进作用。

第九章

上海同步辐射光源运行管理

在已开放运行的重大科技基础设施中，上海同步辐射光源（以下简称"上海光源"）的运行管理一直具有良好的声誉。目前我国重大科技基础设施的管理存在"重建设、轻运行"的倾向，因此有必要通过设施运行管理研究，推动设施更好地发挥其作用。本章通过对上海光源运行管理的案例分析，探究设施如何协调利益相关者完成运行维护和开放共享任务，高效开展科学研究、提供科学服务；并结合与国外成熟光源的对比，探索设施高水平可持续发展的途径。

重大科技基础设施在完成"公共生产"后，成为"科学市场"的"公共产品"，开始提供"公共供给"，发挥科学效应。重大科技基础设施项目不是仪器研制项目，研制完成交差就行了，运行反而更重要。运行管理不是简单的拿运行费去弥补水电气消耗，而是面向用户需求，解决科学、技术、管理的复合问题。较之建设阶段，运行阶段在重大科技基础设施的相关研究中往往不受重视，无论是学术界还是设施管理部门，都在一定程度上存在"重建设、轻运行"的倾向。重大科技基础设施的运行阶段同样具有高复杂性。设施运行维护需要调动多个子系统、多专业、多学科领域的知识资源，设施运行性能的维护和提升需要持续的研究和积累。为了对重大科技基础设施运行过程的复杂性做深入剖析，本章从运行主体管理、运行内容管理、运行过程管理3个方面分析案例设施的运行管理。

第一节 运行主体管理

运行组织是设施运行阶段的直接负责组织，一般由建设组织转化或分拆形成。涉及的用户数量众多，需求各异，给运行管理带来了复杂性和难度。用户是运行阶段最重要的利益相关者，用户数量的多寡、用户需求的满足程度及对用户的服务管理水平，关系到设施建设目标能否实现。运行利益相关者围绕设施形成多样化知识网络和知识生态系统，能够促进科学效应和综合效应的发挥。

多利益相关者是基础设施的共同特性。运行期与建设期利益相关者的不同之处，一是相关时间长，较之设施建设实施是短期性和一次性的，建设形成的公共资源即设施本身则是长期性的；二是重点利益相关方面发生变化，建设期侧重生产性功能，转入运行后生产性功能减弱、服务性功能主导，资源配置的范畴也发生变化，设施各利益相关者的重要性和影响力随之不同，需要应对变化的环境不确定性进行创新管理。

按照我国"谁建设、谁运行"的传统，一般来说，建设组织与运行组织在设施依托单位得到衔接，仍然由高水平的研究机构的运行组织来承担运行职责[①]，衔接建设阶段形成的硬件资产和无形资产。为了保障运行，我国依托部分重大科技基础设施设立国家科学中心，专门负责设施的运行、开放和科学研究，如上海光源依国家批复成立了国家科学中心。同时，国家明确要求设立内外部结合的科技和用户机制，即设施科技委员会和用户委员会，委员中依托单位以外的专家不低于1/2，以此来保障科学技术水平和用户利益。运行期的利益相关者联系如图9-1所示。

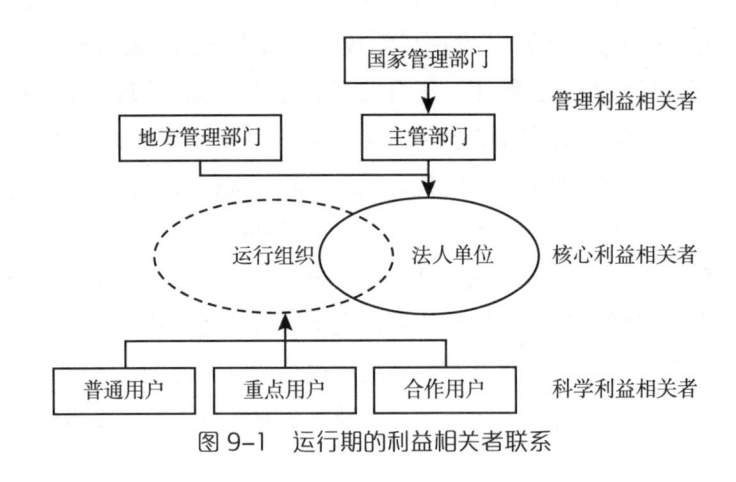

图9-1 运行期的利益相关者联系

一、运行组织管理

组织是有意识建立的具有明确目的的正式结构（Edquist，1997）。一般来说，经过建设过程，重大科技基础设施到了运行期间，已经具有一支工程技术和管理团队，并逐渐形成固定的运行组织与管理模式，包括所有权、成本模型、各利益

---

① 当出现运行组织并非建设组织的情况时，需要办理资产移交等手续。

相关者角色、常规评价和设施开放共享等。其体现出的自组织性和自增值性使其能够在公共财政的支持下独立或相对独立运作，而无须过分依赖原研究机构分配的资源和任务。设施运行组织建立合理的组织运行架构、设计合理的运行规则、加强设备维护和优化实验设计，保障正常运行的同时，提升设施运行效率，产出高水平成果。

（一）矩阵式运行组织管理

上海光源调整建立了运行矩阵组织架构。上海光源的管理人员认为，矩阵式管理在运行中依然发挥着重要作用，能够让研究人员同时精于运行、专项技术、工程建设。纵向的运行内容延续了原先建设期的3个技术总体，将原横向的8个机动专业组纳入总体，成为常设的技术部，其中加速器物理与射频技术部、束流测量与控制技术部、机械工程技术部、电源工程技术部纳入加速器分总体，并增加了自由电子激光技术部；将公用设施技术部、技术安全技术部纳入公用设施分总体；将束线工程技术部纳入光束线分总体，并将原同步辐射光源实验部分成4个科学研究部，即生命科学研究部、物理与环境科学研究部、材料与能源科学研究部、先进成像与工业应用研究部。横向是重大任务，包括运行及若干升级和扩建任务，如上海光源线站工程、蛋白质设施线站、"梦之线"、SXFEL工程等（图9-2）。

这种组织架构能够将组织横向和纵向联系较好地结合起来，并将不同部门的专业人员组织起来，适合重大科技基础设施这类复杂运行项目的管理。这一组织架构延续了矩阵式管理的优势：①获得适应环境双重要求所必需的协作。基础核心技能，如电源工程技术、机械工程技术等嵌入分总体，可供所有项目（将运行也作为"项目"管理）共享，不但对自身的职责范围负责，而且与项目之间形成若干的"节点"。②有利于实现人力资源的弹性共享，既保证了各技术领域的专业性，又不断从集成角度利用专业技术，实现技术集成。③适于在不确定环境中进行复杂的决策和经常性的变革，及时发现问题，提高反应能力。④有利于以相对少的资源完成项目。

（二）大科学中心管理

从运行组织发展来看，需要瞄准科学发展前沿，提升学界影响力，吸引凝聚一流人才从事机器研究和实验方法学研究，进而吸引用户开展一流的科学研究。

运行期间的科学技术水平保障形式主要是由承担单位设立科技委员会、用户委员会机制。设施科学技术基础深厚，针对的科学问题意义重大、难度大、集成度高，在运行期间需要通过机器研究和实验方法学研究，依托设施支撑高水平用户开展科学研究来解决科学问题、达成科学目标。机器研究和实验方法学研究主

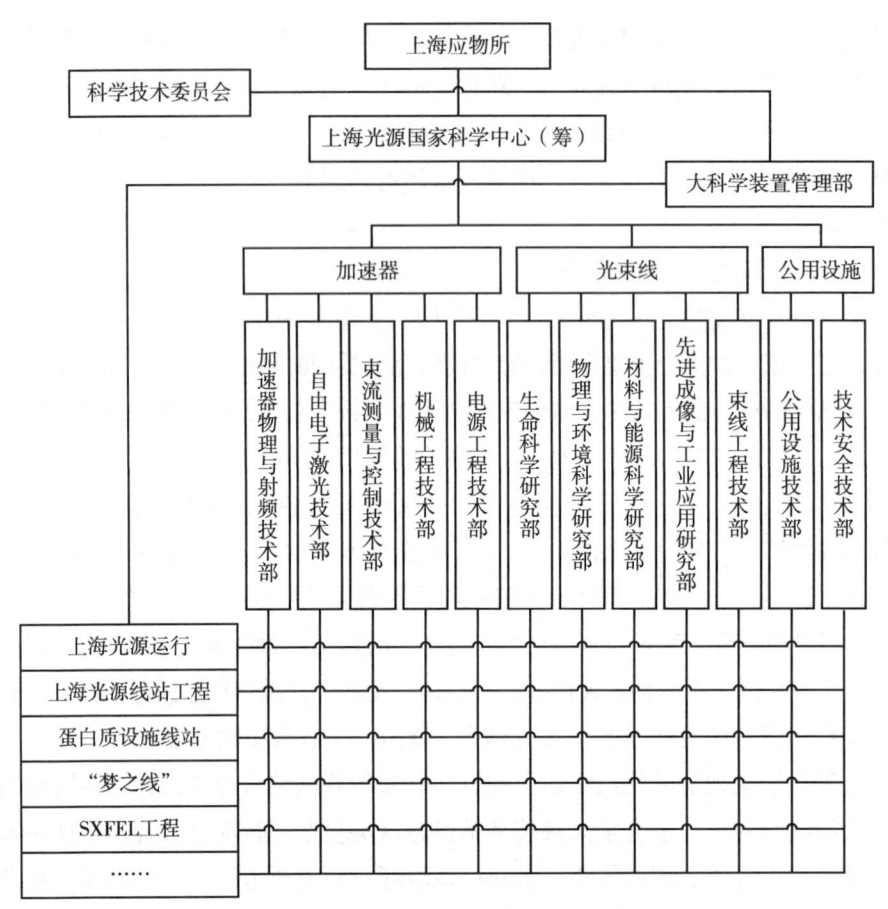

图 9-2　上海光源运行过渡期的组织结构

来源：《中国科学院重大科技基础设施运行年报（2014）》。

要来自竞争性的外部支持，如主管部门中国科学院与国家自然科学基金委员会共同组织大科学装置联合基金（2009年起），科技部在重点研发计划中设立了"大科学装置前沿研究"重点专项。

从国际比较来看，运行良好的设施具有自组织自增长的特性，设施功能拓展和学科发展的同时，其组织形式也将配合设施发展做出进一步完善。例如，欧洲同步辐射光源（ESRF）公司、英国钻石光源（DIAMOND）公司分别由利益相关方成立并全权管理两个大型光源。SPring-8光源的运行和使用由专门成立的日本同步辐射研究机构（JASRI）这一公共利益企业组织（Public Interest Incorporated Foundation）管理。美国能源部科学局管理的阿贡国家实验室由阿贡公司负责具体管理，由美国能源部科学局直接与阿贡公司签订固定期限合同，利用产业组织管理经验，保持实验室发展活力。可见，成立由利益相关者组成的非营利法人组织来管理设施是国际上通行的做法，其优势在于直接全权对出资方承担责任，完全围绕设施获取和经营运行资源、开展运行活动、发展科研和创新人才队伍，不存在与法人组织理念和资源分配上的"错位"和矛盾，在我国重大科技基础设施组织管理方面具有借鉴价值。

从2014年起，上海光源成为中国科学院上海大科学中心的依托单位。上海大科学中心是中国科学院非法人单元，旨在依托上海光源和蛋白质科学研究设施等重大科技基础设施，建设开放共享的公共大型科技创新平台，规划和布局重大科技基础设施的长远发展；聚焦国内外相关科研力量，支撑生命、物质、能源等前沿交叉领域的科学研究。从组织架构（图9-3）来看，将大科学中心从功能上分为综合管理、技术研发、设备运维、产业应用和科学研究等5个职能管理部门。围绕科学研究和技术研发，凝练出生命、物质、能源等三大科学研究方向和先进加速器、光子科学、成像等三大技术研发方向，并分别形成10个和8个细化研究方向。发展的生命、物质、能源等前沿多学科研究部门能够围绕用户的科

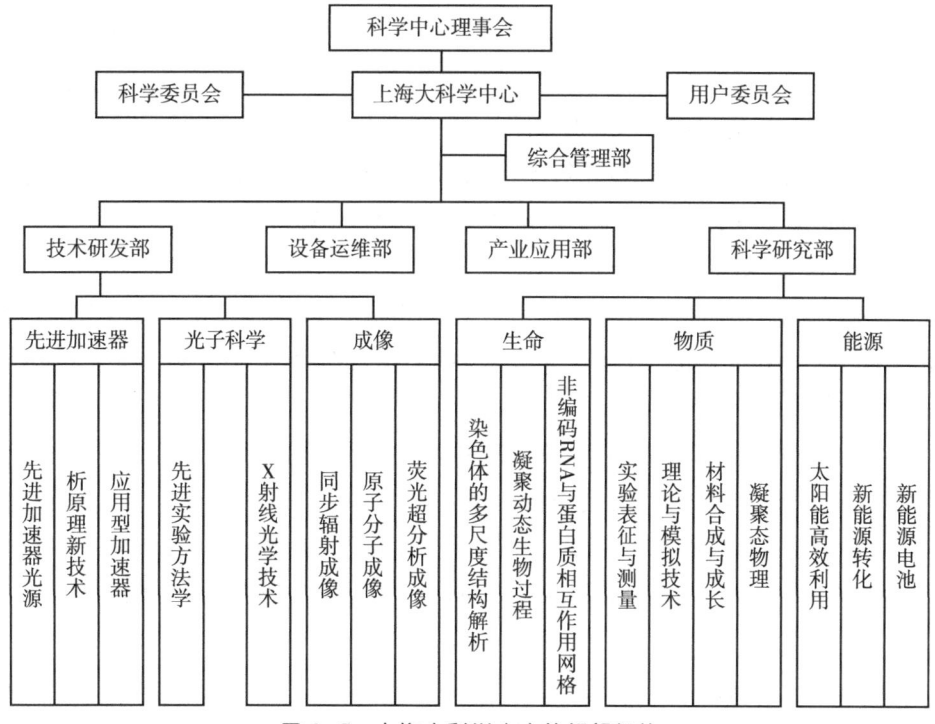

图9-3　上海大科学中心的组织架构

来源：《中国科学院重大科技基础设施运行年报（2015）》。

学问题，充分利用同步辐射光源技术，提升实验研究效率，发挥综合效应。

运行组织与法人组织的良性互动能够促进设施发展。上海光源国家科学中心的运行管理和支撑主要由上海应物所提供，如设施管理、技术和安全支撑、信息管理等，法人组织利用职能部门为运行组织提供了基础资源保障，运行组织为法人组织赢得了学术声誉，促进了法人组织的发展与转型。上海应物所原研究方向是核能，在上海光源筹建初期，以筹建为契机，将学科方向做出重大调整，从传统的以核技术科学研究为主转向以第三代同步光源、新型自由电子激光和先进离子束装置的研制及其相关的学科研究为主要学科方向，取得了跨越式发展。

法人组织是为设施运行承担法律责任的组织保障，运行组织与法人组织的关系影响设施的运行发展。运行组织具有自组织性和自增值性，有庞大的固定运行资金，组织文化、科研活动、人才评聘等与传统不同。但我国没有为设施所在组织单独设立运行组织体系，因此运行组织的科研和人才发展标准需要同法人组织保持一致，相关资源需要从法人组织争取和协调。所以，法人组织依然在很大程度上决定着设施能够分配的其他软性资源，如研究方向平衡、研究生名额、人员评聘和发展晋升等。若设施运行组织管理与法人组织管理存在较大差异，很可能影响设施的长远发展。

应结合法人组织的性质、规模、学科等特点，从设施可持续发展的角度，妥善设定运行组织的组织形式，使运行组织与法人组织的互动带来双赢。健全运行、科研、用户管理等组织功能，形成专业化的运行发展能力，通过促进设施健康稳定可持续发展，保障设施的科研产出，发挥科学效应。

（三）组织保障

一般来说，管理利益相关者包括国家管理部门和地方管理部门，在我国还有主管部门这一中间层级，在运行管理中发挥着重要作用。

1. 国家管理部门

我国在对设施管理对运行阶段管理的规范方面，规定了运行组织建立运行管理机制、用户机制等，要求运行单位形成年度运行方案。参照国际标准，运行经费一般为项目建设经费的8%～12%（欧洲研究基础设施战略论坛，2016）。设施运行经费主要来源于财政资金，以及主管单位、依托单位提供的必要的经费支持。

2. 主管部门

运行期，中国科学院作为主管部门，主要负责组织运行计划和经费评审，确定合理的运行经费并上报国家财政部门，督促承担单位做好运行工作。主要管理方式包括：①安排运行经费。设施运行经费的安排结合设施运行和开放共享情况，按照预算管理相关规定执行。中国科学院管理的设施运行经费主要用于设备正常运行所需的消耗性器材，水、电、气等动力费，业务和管理费等。按照中国科学院运行经费管理办法，主要分为直接消耗（约占40%）、备品备件维护费（约占50%）、业务经费（约占10%）。一般不含机器研究和实验方法学研究费用，以及人员经费。百万级以上的维修需要单独申请升级改造，作为年度计划的重要内容，对维修改造任务进行专门立项管理，规范相关工作程序。②举办运行年会，由设施负责人汇报年度运行总结和经费决算、维修改造项目和开放研究项目进展情况，以及下一年度运行计划和经费预算，专家组对设施运行工作进行评议，并评选年度综合运行奖。上海光源在历年的运行评比中排名领先。同时，中国科学院还对设施进行运行管理、开放共享、信息化方面的培训。③开展运行经费实地审核工作，促进设施运行经费使用的科学化与规范化，为健全运行经费管理机制发挥重要作用。实地审查分为直接消耗组、设备维护组、人员岗位组3个小组进行审核，核实上一年度经费支出和当年经费预算额度。督促运行责任单位凝练设施在未来3～5年的科学实验或公益服务目标，在该目标牵引下合理安全运行计划、分配机时，促进重大科研成果产出。④每年召开重大科技基础设施成果评审会，邀请不同领域的专家对设施上报的年度成果进行逐一评审，分重大成果、重要成果以及若干其他成果，通过评审促进设施成果评价的公正性与合理性，推动成果评价机制的建立与完善。

3. 地方管理部门

地方管理部门在我国重大科技基础设施的发展中发挥着越来越重要的作用。以上海市为主要代表的地方政府，不但在项目预研、土地、建设等方面给予支持，而且在上海光源运行的关键时期，提出重点建设一个大科学设施相对集中、科研环境自由开放、运行机制灵活有效的综合性国家科学中心。一是依托张江地区已形成的上海光源等大设施基础，建设上海光源升级工程（二期线站建设）、蛋白质设施线站、软X射线自由电子激光装置、转化医学设施等；瞄准世界科技发展趋势，根据国家战略需要和布局，争取超强超短激光、活细胞成像平台、海底观测网等新一批大设施落户上海，打造高度集聚的重大科技基础设施集群，充分发挥设施集群效应。二是着力完善重大科技基础设施运行的研究保障机制，支持综合性国家科学中心发起组织多学科交叉前沿研究计划；探索设立全国性科学基金会，探索实施科研组织新体制，参与承担国家科技计划管理改革任务等。

二、合作研究的知识网络管理

在运行期间,运行组织承担设施运行任务,为广泛的科学界提供设施服务,并共同开展科学研究活动。因此,知识网络的目的性程度和深入程度较建设阶段发生了变化,从封闭团体中经常的、紧密的联系转为临时、短期、基于共同兴趣的非正式网络。多学科学者在运行组织网站上申请机时,由运行组织基于科学共同体的科学价值评定来分配机时,通过用户会议使不同学科的科学用户得到交流,从而开展研究合作、实现信息共享。

(一)知识网络

研究基础设施居于研究、创新、教育的中心地位,并在其中起着桥梁的作用。设施发挥作用的机制并非像一般认为的线性模式,而是通过利益相关者连接而成的知识网络协同发挥作用。运行组织在稳定运行后能够发挥知识网络效应,即能够充分发挥学科的交叉作用,发展综合学科和新型交叉学科。设施可以在服务科学研究的同时,集聚科研人才、吸引相关设施、发展知识网络,形成大型交叉科学中心。随着设施的改造升级和后续新建项目的开展,设施供应商也将持续提供技术支撑。基于重大科技基础设施构成的知识网络如图9-4所示。

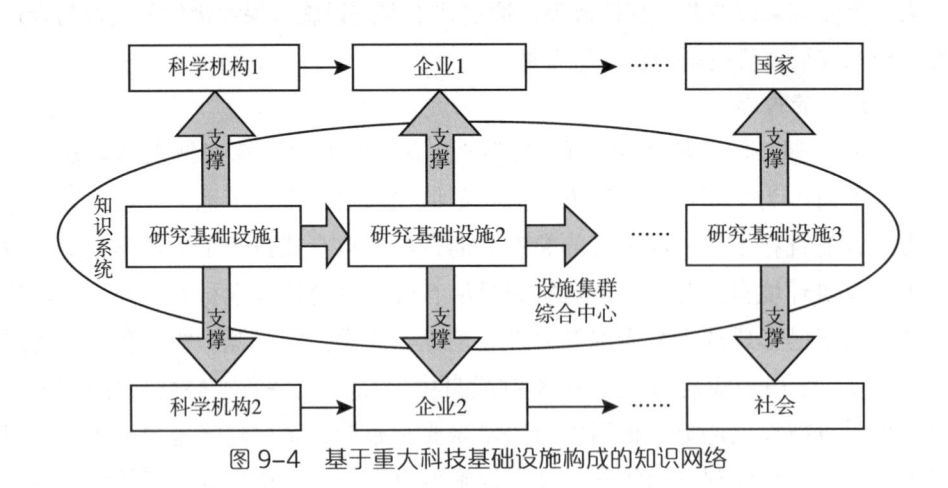

图9-4 基于重大科技基础设施构成的知识网络

重大科技基础设施支撑的知识创造过程可分为4个阶段:问题阶段、设计阶段、实验阶段、获取和发表。由于每个实验都是非标准实验,需要实验条件设计,这就涉及大量隐性知识,而外部用户对设施并不了解,因此需要运行组织内部的工程师、研究者与用户一起完成实验设计和实施过程(图9-5)。由于实验的创新性,其设计实施过程是一个多反馈的过程,在后置阶段出现问题要重新返回前置阶段。而限于有限实验机时,不可能多重反复,因此实验协同设计对于取得理想的实验结果非常重要。在这个阶段,用户与运行组织的内部研究者和工程师的协同配合十分关键。科学发现的知识产权一般属于用户,用户在文章发表时应注明设施和相关协助人员的贡献。

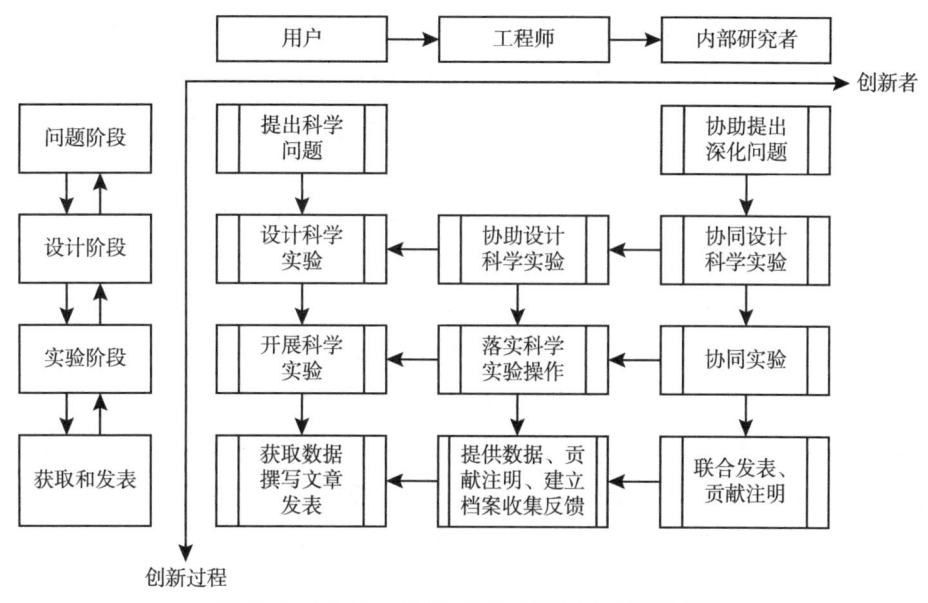

图 9-5 重大科技基础设施支撑的知识创造过程

(二)用户合作机制

用户在光源建设线站是国际上的普遍做法,既能够使重点用户有专门稳定的机时保障,又能够促进光源本身的后续建设和能力发挥。较之普通用户,具有更深的嵌入程度。合作建设形成的设施具有准公共产品属性,在使用上,开放的范围不变,开放资源的分配和优先权在一定程度上与建设资源投入、技术贡献度等挂钩。该类用户一般是重要研究机构或企业,投资在光源新建合作线站,有的还在光源所在地建立自己的驻地研究单元。按照中国科学院制定的相关管理规定,用户线站应将不少于 30% 的机时提供给公共用户使用。这个比例是参照国际的比例制定的,由于线站和加速器是专用与公用的关系,在满足出资人使用需求的同时,也使用了公用资源,因此需要兼顾公共用户利益。目前运行的用户线站的开放职责由双方协议确定。

下面以中国科学院物理研究所在上海光源建设的"梦之线"为例，研究合作用户的动力机制、合作方式、运行方式，以及与国外光源合作用户的比较。

上海光源"梦之线"是由中国科学院物理研究所最早入选"千人计划"的科学家之一丁洪教授申请，财政部支持的国家重大科研装备研制项目，是中国科学院物理研究所（以下简称"物理所"）、中国科学院上海应用物理研究所（以下简称"上海应物所"）以及中国科学院大连化学物理研究所合作建设成功的世界一流的光束线站，于 2015 年 6 月通过验收，已对外开放。"梦之线"的目标是建成迄今国际上最先进的同步辐射光束线——光电子实验系统（Dreamline），实现超宽能段覆盖和超高能量分辨，创造软 X 射线实验能力的最高纪录。其装置特点为光束线双插入件和实验站双站连接。

2015 年年初，丁洪研究团队利用上海光源"梦之线"角分辨光电子能谱实验站超高分辨和宽能谱的优势，成功地在 TaAs 晶体中观测到了费米弧（Fermi Arc）表面态，从而在实验上证实了"手性"电子的存在，外尔费米子[①]终于第一次展现在科学家面前，将我国在相关领域的研究推向世界领先地位。该项"发现外尔半金属"研究，被美国物理学会（APS）列为 2015 年物理学"标志性进展"（Highlights of the Year）的八项科研成果之一。同时，该研究也入选了英国物理学会主办的《物理世界》（Physics World）公布的"2015 年十大突破"。鉴于外尔费米子表现出无质量粒子的特征，研究人员推测，其未来可能会作为信息载体，用于高速电子设备。

在支撑我国科学家取得世界领先成果的同时，合作线站的建设还使我国在同步辐射高分辨率技术研究方面实现了跨越式发展。作为关键指标的光束线能量高分辨能力一举突破，超过了此前国外最高水平的瑞士光源。关键部件（如双插入件）实现自主设计和制造，提升了高端光束线和实验站的设计建设能力。在国际上首次实现空间、时间、能量、角度的原位分析，是具有重要意义的实验方法学发展。同时，为依托大科学装置解决重大科学问题，创建了新的科技发展模式，对后续实验站的建设具有示范作用。

在合作动力机制上，利用同步辐射光源建立适应不同需求的实验站，为相关前沿科学研究提供实验平台，是国际科学技术发展的一种重要模式。本案例中铁基高温超导体迫切需要同步辐射装置及光电子能谱开展关键性超导材料电子结构

---

① 1929 年，德国科学家外尔（Weyl）提出，存在一种无"质量"的可以分为左旋和右旋两种不同"手性"的电子，这种电子被称为"外尔费米子"。但是 80 多年来，科学家一直没有找到适合实验观测的"外尔费米子"材料。

研究。国内光源尚不具有该研究手段，若利用国外光源，将对科学实验结果的顺利取得、应得成果的时间、知识产权等方面带来不利影响。上海光源具有最佳能量、超低发射度、高耀度和高通量、稳固地基、震动极小等先进指标，且光源人员在光束线设计和建设方面具有经验，可提供技术保障。

在合作方式上，运行双方共同拥有或各自拥有的技术共同实施，成果共享、资产共有、责任共担。其中，物理所牵头，负责整体项目分工和实施，整体概念设计并提出总体设计指标，管理项目经费，提供项目研制所需保障条件。上海应物所承担光束线子项目的研制任务，按照物理所提出的整体技术指标和要求，负责光束线的物理设计、初步设计、工程设计和工程实施，配合物理所完成设计目标。双方在合同中约定，光束线建成投入使用后，将统一纳入上海光源的运行、维护和改造升级管理。双方作为建设单位，对光束线站享有"超级用户"的待遇。其中，全部参加建设单位作为用户年度总计可使用实验系统时间<50%。

国际上看，合作用户在欧洲同步辐射光源称为合作研究组（CRG），是第三方合同用户方，基于非营利基础运行。欧洲同步辐射光源的CRG线站数量占1/4。为了补偿光源供光，它们通过光源公共用户计划来提供1/3机时，另外2/3是私有的，自行设定机时分配程序和标准；CRG享受光源为光束线提供的通用服务，遵守光源的安全程序和技术标准。美国能源部管理的装置称为合作开放团队（CAT）。CAT由具有共同研究目标的科学家和工程师组成，这些团队负责设计、建造、资助和运行计划从先进光子源储存环获得辐射并使其满足特殊实验需要的光束线。通过与光源签订合同，CAT必须至少将它们X射线束流时间的25%分给一般用户。

可见，合作用户是光源的一类特殊用户，代表重要的科学研究或产业研发需求。在一定程度上，合作用户建设线站弥补了光源大规模建设线站公共资金投入的不足，能够充分利用光源的研究能力。合作用户在投入线站建设满足自身研究需求的同时，也能够提供一定的机时作为准公共产品，供普通学术用户使用。合作线站的建设促进了用户与运行组织的合作，以及用户之间的合作，发挥了科学技术的扩散效应。但也存在一定的问题，如合作线站运行与光源总体运行之间关系的协调、多样化线站管理的复杂性等，需要不断发展完善灵活高效的管理模式。

三、用户组织管理

（一）用户管理机制

上海光源成立用户机构来保障用户权益。在建设和运行初期，上海光源开展了充分的用户工作，先在国内第一代、第二代光源的用户上挖掘，然后培育新用户，把到国外的用户吸引回来。上海光源在运行初期即成立用户委员会。用户委员会是光源运行开放的监督机构和用户联络机构，其主要职能是监督上海光源的运行和开放，对上海光源的装置和应用研究发展规划提出建议；收集用户意见，反映用户需求，协助组织用户培训与学术交流；设立各线站用户专家工作组，每组由10位左右来自不同地区、不同类型单位且与该线站学科相关的一线专家组成，负责本线站的课题评审、学科方向咨询和运行状态监督，使用户更好、更多地参与装置运行和课题管理。每条线站都有专门的用户委员会。在内外部用户和机时的分配上，国际上不同的同步辐射光源对内外部用户的比例设置不同，美国能源部国家实验室的用户装置，有60%以上的用户来自实验室外部。

上海光源设立用户办公室，负责用户课题申请、审批、执行、反馈的全过程管理和用户开放工作中具体事项的落实；负责及时发布用户相关信息，组织用户学术年会及相关培训；负责上海光源用户委员会的日常工作。

对用户的培训是设施运行和用户管理的重要任务。国际上普遍的情况是，在一线做实验的以年轻学者和学生居多，第一次使用光源的用户占比高，因此培训很重要。不同线站的用户因实验基础不同，需要培训的力度也不同。例如，有的线站用户有相关经验，实验技能较成熟；有的线站则需要多投入培训资源。目前由国家自然科学基金委员会资助，上海光源每年邀请国内外专家对青年科学家和研究生进行同步辐射相关技术专题培训。

（二）用户结构

运行期间最主要的任务是通过开放使用发挥设施的科学效应。由于设施的公共产品属性，兼有科研、教育和创新的功能，因此需要兼顾多种用户范围和用户类型，面临着公平和效率优先级的问题。公共用户通过建议提交、评审和分配中心系统得到束流时间。

用户类型主要有以下4种划分方法：①根据用户的性质，可分为机构用户和个人用户。国际惯例是倾向于机构用户，便于管理和跟踪。机构用户按照机构性质，又可分为学术机构用户和产业用户。学术机构用户利用设施开展科研活动并发表文章，则可以免费使用设施；产业用户按签订协议执行，不以发表论文为结果，而是积累专有技术。②根据用户的来源，可分为内部用户和外部用户，公用类设施的外部用户是设施用户的主体。③按照对设施的资产投入，可分为投入资产的合作用户和不投入资产的普通用户。④按照是否利用设施物理条件，可分为现场用户和远程用户。

上海光源用户按照机构性质划分，学术机构用户是用户主体，约占83%的开放时间，企业和医院等产业用户约占17%的开放时间。从2009年5月开始向用户试开放，到2014年12月，首批7条光束线站累计提供用户机时164699小时，已有1675个课题组开展实验。实验人员达23133人次，共计10007人。涉及341家机构，其中大学170家（占49%）、研究所115家（占34%）、公司37家（占11%）、医院19家（占6%）。可以看出，大学和研究所是主要的用户单位，大学是最重要的用户群体。以日本为例，拥有重大科技基础设施的研究所通常名称设定为"大学共同利用法人"，SPring-8光源的教育机构用户占总用户的65%（2012—2013财年）。除基础研究外，同步辐射在工业研发中也有大量应用，在世界上几个大型同步辐射装置中，来自工业研发部门的用户占7%~9%，并在逐年增加。目前上海光源的产业用户主要来自制药、化工等产业。

用户的学科和产业来源是光源束线功能设计时已经基本确定的。例如，有专门的生物线站、材料线站、医学应用线站，部分线站是可以多学科使用的。上海光源目前的机构用户所涵盖学科包括生命科学（占26%）、材料科学（占23%）、环境和地球科学（占11%）、凝聚态物理（占10%）、化学（占10%）、医学药学（占7%）、高分子科学（占6%）、地质考古学（占2%）、化学工业（占2%）、信息科学（占1%）、微电子（占1%）、产业应用（占1%）。美国及欧洲对用户学科结构的调查结果表明，材料科学用户约占30%，结构生物学用户约占30%，分子环境科学用户约占20%。这表明上海光源的学科布局设计合理，与国际学科结构相似，显示出对相关学科的有效支撑作用。

第二节 运行内容管理

运行阶段的总体目标是向用户提供可使用的设施，运行内容是为了实现运行目标而开展的工作。运行管理具有复杂系统特征，复杂性的影响因素既包括运行大型复杂设施的多个技术系统协调，也包括管理和服务于多学科广泛来源的用户群体。同时，为了保障设施运行和使用效率，持续的设施研究是必不可少的。运行内容管理包括运行维护管理、机时管理、研究管理等。

一、运行维护管理

上海光源将运行维护管理定义为为保障设施正常高效运行、发挥服务功能而开展的运行维护活动。与建设期技术集成管理不同，运行期没有与国家契约约定的具体运行目标和内容，而是依据科学功能和项目申报方案中约定的运行方式，保障设施稳定运行并发挥效应。运行维护管理是在基础运行目标框架下，在不同时期根据设施的发展特点，制定阶段运行方案。

上海光源参照国际同类装置的运行经验，根据设施运行模式，制定了一系列运行维护管理制度。

一是建立完善的运行工作计划和考核制度。每年的运行工作计划包括运行时间、主要技术指标、装置维护及利用计划等。设施运行工作计划针对前一年的运行状况进行分析，并据此提出各实验子系统相应的维护和改造任务。成立科技委员会，对运行工作计划进行咨询与评议，将运行工作计划报主管部门中国科学院评议审定。对审定通过的运行工作计划细分到各实验系统，包括各实验系统的运行任务和运行指标，从而确保设施运行的安全可靠。按照年度对设施运行时间、技术指标、维护计划执行情况以及重要成果进行总结，设施可靠性和可用性是对各子系统进行运行考核的重要依据。考核内容还包括年初计划中设定的运行任务及指标达成情况、重要成果及运行规章制度的执行情况等方面。

二是形成基础运行制度。具体包括例会、检修和调试制度。参照国际惯例，上海光源形成每周召开运行例会的制度，进行接口协调；每两周开展一次例行检修；每年中有一定时间用于装置调试和方法学研究。装置调试是为了保证装置的稳定性与可靠性，方法学研究是为了完善和提高线站的功能。典型运行模式是，定期短时暂停以组织定期检修（PM），并调整加速器和实验设备。

三是分系统承担运行任务。子系统是运行的基本单位。上海光源的复杂系统需要所有子系统稳定可靠运行，才能实现设施预期达到的性能指标，并支撑用户开展科学研究。按照总体运行任务，分配到各个专业组/系统，各系统任务不同。指定物理运行、加速器运行等子系统负责人，具体负责各分系统运行维护的相关工作，也针对分系统开展任务考核。

四是加强日常维护管理和维修改造管理。日常维护作为运行期间的常规工作，由设施各实验系统实施。各实验系统根据自身特点编制系统日常维护计划，在分析运行对设备影响的基础上，规范系统维护规程，强化预防性维护，保证运行目标的实现。建立完整、准确、动态的设备清单和备品备件管理办法，包括采购与审核、出入库管理、库房管理、维修与报废等。

上海光源于 2009 年 5 月开始对国内用户正式开放运行。自开放运行后，上海光源高效、稳定运行，开机率、两次故障平均间隔时间（MTBF）等性能指标逐年优化，达到国际同类装置运行的先进水平。计划管理有效、运行机制完备、分工职责明确、人员维护高效，使上海光源能够实现高水平运行，保持很长的年度运行时间与供光时间。

二、机时管理

（一）机时分配规则

上海光源向基础研究、应用研究、高新技术开发研究各领域的用户开放，所有用户均可通过申请、审查、批准程序获得上海光源实验机时。上海光源负责落实机时分配计划，为用户开展研究工作提供机时和基本实验条件。首批 7 条线站每年的用户为 4000～5000 人次。用户数量和成果产出都超过了国际同类装置建成同期的水平。来自各学科领域的用户利用上海光源开展科学研究。此外，还有多家企业利用上海光源进行技术开发，提升了我国在蛋白质结构、材料结构与表征、催化、生物医学成像等方面的实验研究能力，促进了我国多个学科和技术领域的快速发展。

为了更好地促进科研成果产出，提高设施机时的使用效率，保障多学科的使用需求，上海光源形成了兼顾效率与公平的机时分配原则。

参照国际惯例，上海光源为用户提供的机时分为免费和付费两种。其中，免费机时用于以发表研究成果为目的的公益研究；付费机时用于以产生经济效益为目的的产品研发，不超过占总机时的一定比例。免费机时又分为普通课题机时、紧急课题机时、重点课题机时，进行针对性管理，以普通课题为主、其他课题为辅，刚开始以普及为主，后来重点支持。针对不同类型的用户，制定了一系列用户课题的机时分配机制，形成了包括普通课题、紧急课题、重点课题（约占 15%）等的多样化的科研用户课题类型。普通课题每年接收申请，由各线站专家委员会评审，上海光源依据专家评审意见确定并落实机时分配计划。紧急课题主要用于满足重要用户的特殊需要，采用先使用、后评估的管理模式。重点课题用于支持已有较好研究基础的课题组开展深入、系统、及时的创新研究，相关课题申请专门组织专家进行评审。同时，加强对用户课题执行过程及后续成果反馈的动态跟踪，及时了解用户对装置运行的评价。对用户提出的建议与意见，由用户工作小组分析讨论后给予答复。用户机时管理规则详见表 9-1。

表 9-1 用户机时管理规则

用户类型	课题类型	申请时间	说明
科研用户	普通课题	全年	分 2 次送审，按照普通课题申请要点
	紧急课题	根据需要	用于用户及时补充相关数据，开展具有重要性、开拓性的研究工作，紧急课题将主要评审紧急的必要性及其意义，执行后将进行后评估，评估结果进入用户档案备案（2010 年起试行）
	重点课题	每年 5 月	支持在科技／应用领域有重要学术价值的研究，特别是得到国家重大或重点支持的研究项目、学科前沿和国家急需的重大科学问题研究。上海光源每年发布重点课题申请说明，用户根据当年发布的说明进行申报（2012 年起试行）
	奖励机时	全年	旨在鼓励用户多出成果，出好成果（2011 年起试行）
	专用机时	遵循专用线站规则	该类机时由用户投资建设的线站提供，用户需遵循其申请规则
产业用户	产业用户课题	根据需要	按签订合同执行（收费）

来源：上海光源网站。

（二）激励机制

为鼓励用户多出成果、出好成果，上海光源对用户的重要研究成果给予一定的机时奖励。

奖励条件：①用户开展的研究工作涉及利用上海光源获得的实验结果，论文发表时，文中需注明实验在上海光源哪条光束线站完成；与上海光源的研究人员共同开展的合作课题，论文中应同时署名。②获得各类国家、国际奖项的研究成果，用户可提出申请奖励机时。需要提供相关证明材料，指明获奖成果与上海光源有关，方为有效。奖励标准参照论文奖励标准，由上海光源审核认定。③其他具有较为重要的社会影响和经济效益的研究成果，用户可提出申请奖励机时。需要提供相关证明材料，由上海光源审核认定。

奖励等级：用户论文奖励等参照当年 SCI 大类分区进行分级。一级：国际顶级科学杂志上发表的文章［《自然》（Nature）、《科学》（Science）或其他影响因子大于 30 的学术期刊］，奖励机时不超过 12 个时段，但一般不少于 6 个时段，具体奖励标准参考上年度该级别论文发表数量制定。二级：属于 SCI 一区或影响因子大于 10 的论文，奖励机时不超过 6 个时段，但一般不少于 3 个时段，具体奖励标准参考上年度该级别论文发表数量制定。三级：属于 SCI 二区或影响因子大于 4 的论文，奖励机时不超过 3 个时段，但一般不少于 1 个时段，具体奖励标准参考上年度该级别论文发表数量制定。

激励机制对于提升研究成果质量，提升合作黏性，发挥了重要作用。

三、研究管理

（一）支撑用户学科研究

光源成为结构生物学前沿学科最重要的支撑工具。1993年，英国《自然》（Nature）杂志首次召开以结构生物学为名的主题学术会议，宣称结构生物学时代已经开始，并正在发展成为生命科学中重要的前沿学科（王大成，2014）。X射线晶体学、核磁共振波谱学、电子显微三维重构是结构生物学的三大研究手段（Moody，2011）。近10年来，同步辐射光源由于亮度高、波长可调等优点，已经成为X射线晶体学使用的主要X射线源，由此解析的新晶体结构占每年提交新结构的80%以上。蛋白质结构数据库（PDB）[1]和BioSync的数据显示，近年来用同步辐射解析的数量已占总量的70%以上（中国科学院高能物理研究所，2013），而且所占比例呈逐年递增态势。基于同步辐射结构解析的研究工作已获得5项诺贝尔奖（详见表7-1）。

上海光源相关线站的科学支撑能力强，具有科学吸引力。2009年，上海光源生物大分子晶体学光束线站（BL17U1）正式对用户开放以来，每年供光超过4000小时，已有近200个课题组开展了实验，产生的衍射数据已解析了超过1000个晶体结构，发表SCI论文超过500篇，其中发表在《自然》（Nature）、《科学》（Science）和《细胞》（Cell）上的论文有32篇。2012和2013年度，用户利用BL17U1测定蛋白质结构数都超过330个，在全球130多个生物大分子晶体学线站中名列第一。总之，在结构生物学研究领域，上海光源一经使用，立即改变了我国结构生物学家以往主要依赖国外同步辐射装置开展前沿领域研究的局面。如今，上海光源360度解析一个蛋白质分子只需要16分钟，许多科学家纷纷回归。BL17U1以国际同类线站最快的速度实现了最高的产出，不但充分说明了它的高性能和高效率运行，更要归因于我国急速增长的高水平结构生物学用户群体。

依靠同步辐射光源进行科学研究的成果产出是与多方面因素紧密相连的，而且各方面因素相互间的促进作用不是简单的"加和"关系，而是效果更加显著的

---

[1] 蛋白质结构数据库（Protein Data Bank，PDB）是一个专门收录蛋白质及核酸的三维结构资料的数据库。科学家在发表包含新解析的生物大分子结构的学术论文之前，都需要将结构数据提交给PDB，并公开给全世界的研究人员免费使用。同时，为了保证科学家在提交了结构数据后有充足的时间完成论文投稿与发表工作，防止竞争对手抢投，PDB允许已提交的结构数据最长保密一年。也就是说，第一年年底提交的结构数据，有可能会延至第二年年底才正式公布。

"乘积"关系，可用一个简单的表达式来定性表示其间的关系：

科技成果产出 = 同步光源 × 光束线 × 实验站 × 样品 × 科学家能力

科学家用户是运行期间至关重要的利益相关者。在光源硬件条件一定的前提下，有何种水平的用户，就有何种水平的科学成果产出。高水平用户是设施高水平产出的重要保障。

光源对高水平用户研究起到了重要的支撑作用。以 2010 年发表在 *Cell* 上的线虫细胞凋亡的分子模型研究（2010，141，446-457）为例，由清华大学结构生物学中心的施一公和颜宁领导的研究组成功解析了线虫细胞凋亡线性通路中的关键控制因子 CED-4 的晶体结构，初步揭示了 CED-4 调控 CED-3 的机理，并在此基础上提出了线虫细胞凋亡的分子模型。实验过程中，由于 CED-4 的晶体十分脆弱，分子量大，晶体衍射各向异性差别很大，要获得高质量的衍射数据，不仅对同步辐射光的性能（如准直性、光斑尺寸、稳定性等）有很高的要求，而且由于晶体不适宜冷冻运输，因此最好能够在实验站附近生长晶体。该研究组曾先后多次去美国、日本的同步辐射装置收集数据，但都未能得到较高分辨率的衍射数据。在 BL17U1 研究组的大力支持下，他们最终在上海光源成功地收集了 CED-4 的高质量衍射数据，获得了 3.5 埃分辨率的晶体结构。

可以说，在结构生物学领域，上海光源的投入使用，改变了我国结构生物学家以往主要依赖国外同步辐射装置开展前沿领域研究的局面，支撑他们在膜蛋白、蛋白质复合物以及与禽流感、手足口病等流行病毒相关的蛋白质结构与功能的研究中取得了一批具有国际影响力的重要成果。以通信作者单位为我国大陆的统计显示，我国结构生物学研究（含晶体、核磁、电镜结构）发表在《自然》（*Nature*）、《科学》（*Science*）和《细胞》（*Cell*）上的论文，2000—2009 年共有 12 篇，2010—2014 年增至 40 篇，是过去 10 年的约 3.3 倍。其中，2012—2014 年发表 30 篇。这些情况从一个侧面显示，我国结构生物学研究正迎来一个快速发展的新时期，其前端已进入国际前沿队伍。可见，人才和设施这两方面的结合，推动我国的结构生物学研究形成一个快速发展的态势。

（二）设施研究

设施研究（Inhouse Research，IR）是指与机器稳定运行、支持用户高效产出相关的问题分析、性能提高、实验方法扩展等。设施研究的主体是设施运行组织。设施研究是涉及设施运行的技术科学，设施运行、实验开展、设施改造升级、设施维修都需要大量的知识。设施研究包括总体、系统、设备各层面，运行组织会针对研究方向制订详细的研究计划、确定技术负责人、给予机时和经费分配等。在设施研究过程中，会涌现许多新的科学问题，以方法作为强项，通过内部研究形成隐性知识，从而提升设施运行能力和解决类似科学或技术问题的能力。上海光源开放运行后，科研人员不间断地开展基于设施的加速器关键技术研究和同步辐射实验方法学及应用研究，为线站向用户稳定、高效和高性能开放提供了重要保障。设施研究是运行维护的基础，二者是高度协同的。设施的技术复杂程度越高，设施研究的重要性越高。

国内目前对设施研究经费尚无稳定支持。设施研究经费来源于竞争性经费，计划性较弱且具有不确定性。经费主要来自国家自然科学基金委员会的大科学装置联合基金，支持方向包括提升大科学装置研究能力的实验技术、方法及小型专用仪器发展研究和关键技术研究。

国际先进设施将设施研究经费纳入运行预算。欧洲同步辐射光源（ESRF）秉持"发展更好的技术，为了更好的科学"的理念，十分重视内部设施研究且取得了良好的科学效应。ESRF的运行费包括人员费用、经常费用和投资，其中投资包括基建、计算机、机器部件、机器技术研发、束线建设和研发。机器技术研发、束线建设和研发等装置本身的研究经费，在稳定运行后约占运行费（含人员经费）的15%。在此基础上，不断提升仪器需求，促进交叉学科的知识交换，提升共同运行和合作效率，提供在设计和利用先进光源方面的内部用户支持。

结合我国设施特征并根据国际先进经验，我国设施运行管理应更加重视设施研究，将一定比例的设施研究纳入运行预算；在实验技术发展取得一定成效后，更加重视实验方法学及设施研究开发能力的提升，从而更好地支撑科学研究，提高高水平研究的产出效率。

第三节　运行过程管理

设施运行发展初期，主要是通过内部系统维护并开展内部研究，支撑相关学科的科学研究。运行到一定阶段后，随着用户规模和范围的扩大、用户需求的不断拓展以及科学技术手段的发展，基于设施运行效率和效益等因素综合判断，国家会做出持续投入现有设施进行改造升级、提升拓展设施功能或淘汰更新现有设施等决策，以最大化财政经费投入绩效。

运行期是设施的"公共供给"过程，与建设期"公共生产"具有不同属性。原因在于，建设期的目标是建成装置，运行期的目标是运行装置、供给科学服务，并发挥效应。从实践上来看，建设期分为立项、预研、建设等明确管理环节，不同阶段在主要任务、方案深度、国家审批要求方面均不同，而现有文献和规章对运行过程的管理环节并未系统研究和规定。

本书根据同步辐射光源等我国设施运行经验和国外长期运行的先进经验，将以上海光源为代表的重大科技基础设施的运行初步分为运行初期、运行稳定期等阶段（表9-2）。其中，运行初期主要是平稳过渡、稳定运行、初步发挥科学效应；运行稳定期主要是优化设施运行模式、扩展功能和影响、稳定发挥效应。分期的主要依据是组织结构和工作模式。其中，组织结构在运行初期延续建设期的矩阵模式，在运行稳定期形成运行矩阵模式，并逐渐按照科学平台开展学科布局。工作模式主要是流强自然衰减模式向恒流模式转型，恒流注入是运行过程中的重点。运行初期采用流强自然衰减模式，运行稳定期对恒流模式进行调试、启动运行、提升性能。

表9-2 上海光源运行阶段工作模式和运行指标

指标阶段	年份	组织结构	工作模式	运行流强（mA）	开机率（%）	无故障平均运行时间（h）	故障平均持续时间（h）
运行初期	2009	建设模式转型	流强自然衰减模式	—	—	—	—
	2010	建设模式转型	流强自然衰减模式	200	95.70	40.4	1.84
运行稳定期	2011	运行矩阵模式	流强自然衰减模式，恒流运行模式调试	200	97.60	55.3	—
	2012	运行矩阵模式	启用恒流模式用户运行	230	98.40	69.8	1.19
	2013	运行矩阵模式	优化恒流模式用户运行	230	98.10	70.3	1.36
	2014	综合性国家科学中心模式	恒流模式用户运行	230	98.60	81.1	1.2

来源：《上海光源运行年报》（2009—2014年）。

按照国际惯例，在设施达到稳定运行后，往往需要瞄准国际同类先进水平，通过升级来提升设施性能，更好地发挥科学效应。因此，本节从运行初期、运行稳定期和改造升级机制3个方面对运行过程管理进行研究。

一、运行初期

上海光源运行初期的主要任务是解决设计、建设中的遗留问题，提高运行技术指标和运行可靠性，探索建立运行体系，磨合运行队伍，逐渐提高运行效率至稳定状态。主要工作包括：制定日常维护的技术标准和规范，做好维护记录和归档，保障设备完好率；保证运行状况的实时显示、记录、监控和自动保护系统的正常运行；建立公平、公开的课题审批制度，对用户进行培训和实验服务，并承担国家有关部门下达的任务。

重大科技基础设施与一般大型基本建设项目不同，其深厚的科学研究内涵等特殊性，带来设计指标和验收指标的不同特性。设计指标是指从理论出发，考虑到制造误差等工程因素，通过分析计算确定的性能指标，它是经过充分调试优化后应达到的、保证设施高效使用的指标。尽管工程建设是按照研究试验优化后的技术设计实施的，但是对于技术复杂的工程，大量的系统、子系统和部件集成在一起，对它们的参数进行匹配、调整，以达到设计指标，需要开展大量的工作。其中需要大量数据的积累、分析和经验积累。以上情况导致由设施基本建成到实现设计指标往往需要一个较长的过程，这是一个客观规律，已经被国内外大科学工程的大量实践所证明。为了适应大科学工程的这一特点，对于技术复杂的建设项目，可在设计性能指标之外，确定工程验收指标。工程验收指标是经过一定时间的调试后可能达到的、保证设施有效使用的性能指标。工程验收指标必须经充分论证，由专家评审加以认定。对于那些保障设施总体设计性能的系统、分系统和重要部件的性能必须按照设计指标验收。一般来说，初步设计报告中应明确规定项目的设计指标和工程验收指标。工程达到工程验收指标并通过验收后，应尽快投入运行和使用，同时努力使设施达到设计指标，这是运行初期的主要任务之一。

上海光源运行初期，一期建成7线8站，初步取得了良好的运行效益，装置运行主要技术指标达到或超过国际同类新建光源运行初期的运行水平（表9-3）。运行初期，用户机时需求已远远超过装置可供机时，对相关学科的支撑能力初步显现。从2009年5月开始向用户试开放运行，用户科研成果丰硕，截至2010年年底，发表论文188篇，还在结构生物学、材料等领域支撑取得了一批具有国际影响力的研究成果。

表9-3 国际同类新建光源运行初期性能比较

光源名称	运行年份	开机率（%）	无故障平均运行时间（h）
上海光源	2010	95.7	40.4
英国钻石光源	2007	92.3	10.6
瑞士SLS光源	2002	94	30

来源：《上海光源年度报告（2010年）》。

二、运行稳定期

运行稳定期的任务是保持高指标、高效率运行状态，支持用户高效产出，同时开展技术研究与升级改造，进一步稳定提高装置性能。

（一）进入国际通行的高水平稳定运行模式

在同步辐射光源运行模式上，恒流运行（top-up operation）是近年来发展起来的高性能运行方式，是在光束线安全光闸处于打开状态和用户不中断实验的情况下，进行储存环束流注入，并持续储存束流的流强在一个很小的范围内（一般变化在1%以内）变化。国际上的同步辐射装置都陆续开始了恒流模式用户运行，并得到了用户的认可。上海光源2011年调试恒流运行模式；2012年成功启用230mA恒流模式用户运行，对比衰减模式，积分流强（等价于积分光子通量）提高30%，是上海光源在性能提高方面的一个重要里程碑；2013年优化恒流模式用户运行；2014年实现230mA恒流模式用户运行，光通量和光子亮度相应提高，提升了同步辐射实验效率。

（二）持续提升用户支撑能力

运行稳定期是支撑科学稳定产出的重要时期。2011年是上海光源运行稳定期的初始年。用户申请持续增加，用户机时为可开放机时的3～4倍。用户成果稳步增加，用户利用上海光源进行科学研究共发表论文260余篇，其中SCI一区论文62篇。2011年较上年增长1.48倍，而2010—2014年的平均增长率为50.3%；2011年发表SCI一区论文较上年增长2.88倍，2010—2014年的平均增长率为67.85%，体现了进入运行稳定期后用户发表文章数量和质量的跃升。2013年，用户利用上海光源进行科学研究共发表论文500篇，其中SCI一区论文99篇，包括国际顶级刊物《自然》（Nature）、《科学》（Science）、《细胞》（Cell）上发表的14篇，数量和质量都达到了新的高度。

（三）拓展设施的用户服务能力

运行稳定期，为了瞄准国际先进水平，保障和提升运行效率，光源需要通过内部研究不断提升束线和线站的性能水平，拓展光束线功能。按照国际惯例，光源一般5年左右进行一次大型改造提升，包括提升亮度、扩充束线、提升光源的研究能力。上海光源的发展遵循根据用户学科发展新建线站的国际规则，陆续启动后续建设工程，新建成7条线站，包括蛋白质设施"五线六站"、财政部专项超高分辨率宽能段光电子实验系统（"梦之线"）以及软X射线自由电子激光装置（SXFEL）。

（四）拓展设施的技术能力和应用范围

一方面，形成光源全领域自主技术能力。通过持续研发，掌握超导高频腔设计、加工、表面处理和垂直测试等多个环节工艺，具备了研制高性能超导腔所需的技术条件和实验能力。研制数字化电源控制器，推进光源的电源控制器全面进入国产化，为上海光源未来运行和维护、新项目建设节省经费。另一方面，利用形成的技术能力，为国内外科研单位研制设备和整机。完成了为美国劳伦斯伯克利国家实验室先进光源升级改造4种类型共56台六级磁铁设计与制造合同。该批磁铁具有功能多、质量要求高、线圈数量多、水电连接复杂、空间极度受限、制造工艺新、工期紧等特点，是上海光源首次为国外设计和制造磁铁，对光源加速器设备制造综合素质的提高以及更多地参与国际项目具有重要意义。结合近几年加速器技术的发展，以"交钥匙"项目形式与巴西能源与材料国家研究中心合作建设巴西 Sirius 光源直线加速器；为日本高能加速器研究机构 Super KEKB 项目设计系统性能更高的定时系统。在插入件方面，为蛋白质设施研制"五线六站"及合肥光源的真空波荡器等。

三、改造升级机制

上海光源规划使用生命周期超过30年。在运行过程中，需要瞄准国际同类先进水平、根据设施实际情况进行升级。设施建成后，提升性能的建设活动称为升级（upgrade），规模较大的升级一般由国家支持，常规改造升级则涵盖在日常运行维护中。设施通过不断升级，提升设施性能，更好地发挥科学效应。

上海光源线站工程（上海光源二期工程）属于国家"十二五"重大科技基础设施建设项目，主要建设内容包括新建16条性能优异的光束线和实验站、实验辅助系统，光源性能拓展，建设安装工程及配套公用设施，由国家发展和改革委员会、中国科学院和上海市政府共同投资。2016年11月正式开工建设，工程建设周期为6年。该设施建成后，将大幅提升光源和束线的能力，使上海光源继续保持国际先进水平，为相关科学研究提供更全面、先进、便捷的支撑。

高水平光源运行的重要特征之一是持续升级。纵观世界上持续高水平运行、正在积极发挥效应的同步辐射光源，如日本 SPring-8 光源、欧洲同步辐射光源（ESRF）、美国先进光子源（APS）等，可以发现，它们均具有以下运行特征：①运行技术成熟，设施稳定；②设施用户申请超过可用机时，机时供不应求，用户发文持续处于高水平；③设施组织呈现自增长态势，形成了较好的协作机制，多家用户单位建设线站；④形成有自身特色的用户机时分配规则；⑤能够通过不断升级，达到性能提升。

升级机制与以下两方面因素有关：

第一，设施因素。①国际成熟设施可比性。同类设施具有全寿命周期可参照、较为明确的功能拓展和性能提升方向。②创新程度和技术预见水平。创新程度越高，国际上没有成熟设施作为参照，不可预见性越强。技术预见水平越高，不可预见性会降低。③设施建设目标实现情况和水平。如果设施性能一直不稳定，即使开始规划了升级，也应在评估后推迟升级。④科学家的科学眼光和战略水平，设施方案的战略性和支撑能力扩展的包容性。⑤升级所需经费量。在欧洲路线图和美国规划中，升级项目都占到很大比重（约40%），如果升级经费量十分巨大，需要再次论证科学目标及方案。

第二，管理因素。①宏观规划能力及全程管理水平。英国钻石光源（DIAMOND）是按照一期、二期、三期大规模稳定升级的，其中高水平管理和及时评估是计划内升级的保障。②平衡问题。同领域内涉及新建与升级的平衡问题。③审批方式因素。审批方式与升级所需资金量有关，方案所需资金量越大，越应纳入规范工程项目管理，创新性强的还需要加入升级的预研。

第十章 脉冲强磁场设施管理

第一节 脉冲强磁场

一、建设背景

强磁场能够改变物质核自旋与电子结构，是物理、化学、材料等前沿科学研究不可替代的极端实验条件，近30年和强磁场相关的诺贝尔奖达到10项。脉冲强磁场设施是产生高强磁场的最有效手段，20世纪60年代以来，国外已建有30多个此类设施，而我国直到21世纪初期仍缺乏大型脉冲强磁场实验条件，众多亟须开展的科学研究严重受制于人。

二、设施发展过程

（一）酝酿和立项

2001年，潘垣院士向国家提出，我国要想使凝聚态物理、材料、化学和生命等基础前沿科学方面的研究进入国际前列，需要建设世界一流水平的脉冲强磁场装置。我国在"十一五"期间将强磁场设施建设列入了《国民经济和社会发展第十一个五年规划纲要》。

（二）批准和建设

2007年，国家发展和改革委员会批准华中科技大学（以下简称"华科大"）建设脉冲强磁场，经可行性研究论证、初步设计，设施于2008年正式开工，2013年建成，2014年通过国家验收并正式投入运行。脉冲强磁场攻克了多项世界性难题，掌握了核心技术，实现磁体、电源、控制、测量等设施核心关键部件的全部国产化。

重大科技基础设施管理研究

2007 立项

2008 开工
- 1MJ脉冲强磁场实验装置机系统研制完成
- 电输运、磁特性科学实验站投入试运行

2009
- 装置控制系统安装完成
- 脉冲磁场强度突破75T
- 电子自旋共振科学实验站投入试运行

建设阶段

2010

2011
- 成功实现83T磁场强度
- 973项目"多时空脉冲磁场成形制造研究"获批
- 国家脉冲强磁场科学中心揭牌
- 获评教育部创新团队
- 引起国际关注

2012
- 实现86.3T磁场强度
- 磁光站试运行
- 召开国际会议
- 获评引智基地

2013
- 实现90.6T磁场强度
- 压力效应实验站投入试运行
- 项目竣工
- 在国际评估中被评价为"跻身世界最好的脉冲强磁场装置之列"

2014
- 中心主任当选国际强磁场协会副主席
- 与物理学院成立强磁场物理研究所

2015
- 通过国家验收
- 发起成立国际强磁场协会
- 与电气学院成立强磁场技术中心

运行阶段

2016
- "脉冲强磁场先进实验技术研究及装置性能提升"获批国家重点研发计划

2017
- 氦-3低温系统成功实现300mK以下温度
- 电容储能型电源扩容至27.85MJ

2018
- 开放运行国际评估被评价为"国际领先的脉冲强磁场设施"
- 64T无纹波脉冲平顶磁场,创造了脉冲平顶磁场强度新的世界纪录
- 获评国家自然科学基金委员会创新群体

2019
- 获国家科学技术进步奖一等奖

2020
- 获湖北省科学技术进步奖特等奖

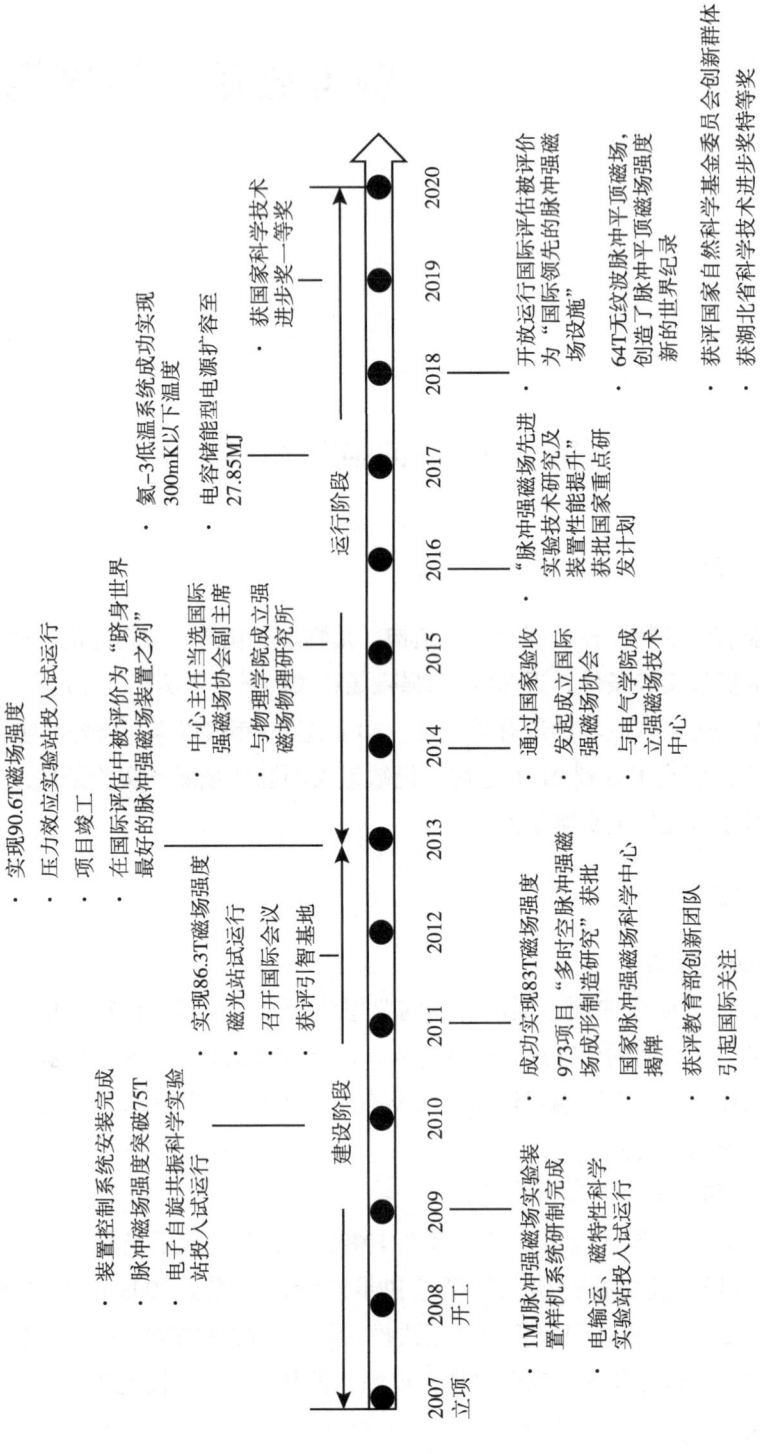

图10-1 脉冲强磁场发展关键事件梳理

来源:根据内部资料和网络资料整理。

（三）运行和科研

目前设施已运行近 10 年，满足了我国科学家对于脉冲强磁场实验条件日益增长的迫切需求，提升了我国在脉冲强磁场领域的国际话语权。强磁场中心逐步提升设施建设运行指标，缩小我国脉冲强磁场与欧美国家水平的差距。2013 年，一举迈入 90 特斯拉级磁场水平。2019 年，获得国家科学技术进步奖一等奖（图 10-1）。

三、设施结构

我国脉冲强磁场设施由磁体、电源、控制和测量等子系统组成，建有电输运、磁特性、磁光、电子自旋共振等 12 个科学实验站。强磁场装置结构复杂，不断挑战极限的强电磁系统，其研制运行需要攻克高电压、大电流、强磁场、极低温等高参数极限工况。本书根据访谈和技术材料归纳，初步分析了脉冲强磁场的复杂技术构成（图 10-2）。

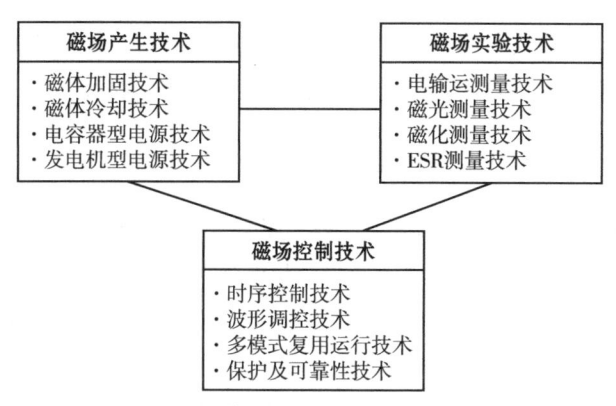

图 10-2　脉冲强磁场的技术系统构成

来源：根据访谈和技术材料归纳。

四、设施评价

2013 年 10 月，脉冲强磁场实验装置竣工，接受国际评估，被评价为"跻身世界最好的脉冲强磁场装置之列"。2018 年 5 月，脉冲强磁场实验装置接受开放运行和科研情况的国际评估，被评价为"国际领先的脉冲强磁场设施"，国家脉冲强磁场科学中心（筹）已成为世界四大脉冲强磁场科学中心之一。表 10-1 列出了我国建成的脉冲强磁场与国际同类设施的对比，结果显示，我国脉冲强磁场的总体技术水平超过国际同类设施。

表 10-1　国际同类设施对比

主要参数指标	中国 设计值（2007）	中国 实现值	国外最好水平
平顶磁场强度	50T	64T	60T（美国）
重频磁场强度/频率	—	45T/50Hz	25T/0.5Hz（日本）
常规磁场强度	80T	90.6T	100.75T（美国）
磁光测量分辨率	800μm	50μm	800μm（日本）
输运测量精度	0.2mΩ	0.04mΩ	0.04mΩ（德国）
用户磁体寿命	500次	800次	650次（德国）

来源：脉冲强磁场国际评估、国家验收意见及国际强磁场设施公开资料。

第二节　复杂产品系统动态能力演化过程

高校具有自由探索导向且功能结构分散，因而承担复杂产品系统（CoPS）任务需要构建必要的复杂组织能力和技术能力。而 CoPS 任务承担高校采取何种组织和技术策略，决定了其动态能力水平、结构和演化路径。

一、搜索：建设必要性和难题

国际上早在20世纪60—70年代就开始建设脉冲强磁场。2001年，华科大向国家提出建设世界一流水平的脉冲强磁场装置的建议。这是站在国家和学校发展的视角，对国际科学前沿的长期观察所得。强磁场项目立项阶段，我国脉冲强磁场技术水平与国际先进水平还存在较大差距，尚未掌握相关核心技术，关键设备缺乏，技术和材料遭封锁，设施建设面临众多难题。从组织层面看，高校的首要职能是教学，与功能和专业资源集中的科研院所不同，高校是多学科之间松散联结的社会组织，难以调动行政和科研资源，因而从科研院所模式直接借鉴形成高校的组织管理架构往往失效。承担设施任务的高校教学科研人员要遵循"大科学"任务优先的原则，科学发表的优先级下降，甚至为了保密而不能发表，这与"学术人"的假设相悖，与高校"科学发现优先权"公开发表和奖励制度的激励结构不相容。从技术层面看，CoPS项目建设工作难度和强度大、不确定性高。由于高校自身一般不具备大型尖端设备的研制加工能力，加之设施的高水平用户来自国内外不同单位，需要搜索并获取有助于解决问题的知识和程序，计划和协调组织专业化分工。这种核心技术能力是复杂技术创新的关键。

二、获取：构建组织能力和技术能力

（一）组织能力获取：核心组织、互补性资源和自组织网络

1. 学校构建强有力的核心组织，是获取组织能力的关键

一是学校成立工程经理部。项目制组织是复杂系统开发的最佳组织形式，为完成脉冲强磁场任务，在项目立项初期，项目承担单位华科大成立了项目制组织——工程经理部，作为校内设立的学院级独立二级单位，负责具体建设任务。由于设施的科学技术难度高，战略科学家和科研工程团队的重要性不言而喻。华科大校长多次赴美，邀请国际脉冲磁体专家李亮校友回国主持设施建设，打造了一个基础扎实、结构合理的研制团队。团队内部结构分为技术和管理两个方向。技术方向设置磁体部、电源部、控制部和科学实验部，负责技术攻关、工程建设、实验测试等建设任务；管理方向设置办公室，负责基建、采购、财务、档案等建设管理工作。

二是设立特色岗位。新创立的组织往往遭受在有限资源下完成艰巨任务的"新组织劣势"，留住和激励人才是关键。华科大设立科研建设并重岗和教学科研并重岗，将设施建设任务纳入现有教学科研岗位体系。科研建设并重岗的考核以设施建设成效为主，将建设研制工作纳入工作量统计并在薪酬和职称晋升中予以体现。相关岗位收入水平不低于相关学科学院的平均水平，同时学校在薪酬、人才引进、研究生招生等方面给予倾斜支持。

2. 学校调动校内管理和技术互补性资源

在高校组织的发展过程中，院系组织往往通过传统科学制度联系构成小科学组织场域，这种组织场域中组织间关系结构趋于稳定，而在组织场域内趋同的力量，使得"大科学"组织的活动成为"异类"。立项初期的组织架构在运转过程中很快就遇到了问题。工程经理部很难每次遇到情况就向工程领导小组汇报反映，难以随时召集工程领导小组成员、协调校内管理和科研资源。对此，华科大采取了两种方法：一是为加强项目实施力度，学校成立工程指挥部，实行多部门协同工作机制。工程指挥部由学校主要负责人担任组长，分管校领导担任副组长，校办、人事、科技、基建、财务、规划、资产、研究生、外事等职能部门负责人和工程经理部总经理作为成员，为设施建设调配资源、解决相关需求。基于这种上下穿透式管理，形成"小核心、强动员"的自组织模式，初步建立复杂组织管理能力。二是为确保组织稳定发展，学校实行工程经理部与学院双聘机制，以确保校内激励相容。无论从美国高校国家实验室"开展科学研究的最好方法是

由来自不同专业领域的个人组成团队一起工作"的经验来看，还是从大科学项目建设的实际需求来看，都迫切需要发挥高校原有科研基础与发展大科学项目的互补作用。华科大对设施相关科研人员实行校内双聘，双聘人员围绕设施展开交叉科学研究工作，依托物理、电气、材料等院系开展教学和研究生培养工作，科研成果与院系共享共认，从而强化设施科研人员的身份认同，培养和稳固一批设施"内部科学家"，便利设施核心组织与学院的双向交流，将相关学院的研究对象聚焦到国家重大需求和拓展应用方向上。

3. 核心组织构建自组织网络

设施建设运行投资体量大且具有科研和工程双重属性，技术难题往往需要经过分解，由众多团队解决。其中，核心组织需要扮演一种战略协调的角色，建立起各种上行、下行、水平、垂直的关系，通过从事学习和获得正反馈，把各专业技能连接起来，这类联系是复杂技术创新的核心。而合格外协供应商的选取直接影响科研工程项目的进度与结果。工程经理部通过与50余家具有研发能力和互补性资产的供应商单位开展材料、工艺、多学科协同攻关，取得了系统性创新和突破，同时，与10余家潜在用户单位共同设计了设施科学实验测试系统，从而在技术和用户需求不确定性高的情况下，通过自组织网络整合能力来利用供应商和用户的创新能力。

（二）技术能力获取：采取自主建设的技术路线

立项后，华科大在技术路线上没有简单地照搬国外的做法，也没有采取大型科研仪器关键部件主要依赖进口的做法，而是从一开始就明确核心材料和部件是要不来、买不来、讨不来的，从而确定"以自研自制为手段掌握核心技术"的路线，根据材料、工艺、用户需求等现实条件自主研发，攻克磁场产生技术、控制技术和实验技术。由于华科大曾研制了1MJ电容储能型脉冲电源模块，与比利时鲁汶大学合作研制了场强70T的脉冲磁体，并建立了电输运和磁特性两种脉冲强磁场科学实验测试系统，在脉冲磁体分析设计、脉冲功率电源技术、低温制冷技术以及强磁场环境下的科学研究等方面都积累了相当丰富的经验，为形成以自主攻关而非采购国外设备的建设方式打下了技术基础。

1. 基于本地化学习完成磁体自主设计

CoPS的系统总体设计一般由集成方完成。产生高强磁场最重要的部件是脉冲磁体，因此磁体设计是重中之重，谁来设计决定了CoPS的技术路线和合作网络。由于我国缺乏国际同类强度导线，工程经理部只能通过技术创新解决设计和材料问题，利用内部知识来源来构建解决问题和后续网络化学习路径的基础。对比来看，国外供应商的设计创新能力更为突出，设施设计通常直接外包给设计公司。然而，我国相关企业缺乏工艺设计能力，只能依靠高校或研究院所的科技人员。这种方式面临的建设风险和不确定性较高，但通过依靠自身的"本地化"学习，组织可以形成技术能力的正反馈和回报收益的递增。完成自主设计的同时，工程经理部获得相关授权发明专利 21 项，发表 SCI 论文 42 篇，开发的脉冲磁体设计专用平台 PMDS 已被美国橡树岭、牛津大学、欧洲强磁场实验室等世界顶级实验室广泛采用，被欧盟第六框架项目"下一代脉冲磁场用户设施的设计研究"采纳为磁体设计工具。

2. 分步骤获取本地化复杂工程技术

在前期研发和硬件基础上，工程经理部推进"多时空脉冲强磁场成形制造基础研究"国家重点基础研究发展计划，成立脉冲强磁场实验装置国际咨询委员会并定期召开会议，充分利用基础研究和国际咨询对设施研制发挥的关键支撑作用。在小型机逐步大型化、极端化的过程中，掌握了磁体产生、控制等工程技术，分步骤实现复杂技术的系统集成。2009 年，工程经理部研制完成了 1MJ 脉冲强磁场实验装置样机系统，2011—2013 年，陆续安装完成 13.6MJ 电容储能型电源系统、装置控制系统，低温系统最低温度从 1.4K 降到 385mK。

3. 利用供应商网络协同攻克材料技术难题

由于美国、德国等国对我国实行材料封锁，只能靠团队自主设计并与具有研发能力的国内院所联合研发关键材料制备技术。设施与供应商协同创新是"共同解决模式"，即在严格的项目进度约束下，科技伙伴共同研究问题解决方法，形成"双赢"模式，部件研制成功的同时完成新产品销售。与美国和德国等国 90 特斯拉级脉冲磁体采用的昂贵高强高导材料相比，我国脉冲磁体制造成本还不到美国和德国同类磁体的 1/10。工程经理部作为系统集成方，既掌握项目的核心技术，又持续提高知识共享的程度。通过把供应商当成创新过程中的合作者，与供应商共同学习，从而推动有价值的知识创造和转移。

4. 通过用户网络协同设计实验系统

实验技术是强磁场功能实现的"窗口"。为完成良好的实验系统设计，实现设施功能、保障用户科学成果产出，工程经理部会同相关学院和校外高校院所等用户单位，共同设计了设施科学实验测试系统总体方案，研制了 8 个科学实验系统，实现了物理量的精准测量。在这个过程中，用户单位扮演了"先导用户"专家角色，参与设施技术路线设计，其隐形经验作为互补性资产发挥了用户创新功能，并在设施建成后成为重点用户，协助设施单位完善实验服务、明确测量标准、提升实验技术，从而共同取得高水平的研究成果。而校内用户在高校内部保障了技术来源的多样性，发挥了高校承担设施任务的优势。

三、转型：能力的转变与提升

脉冲强磁场设施于2014年10月通过国家验收并正式投入开放运行。自主建成设施后，中心已具备运行设施的复杂技术能力，而服务用户能力决定设施的水平和影响力。复杂组织需要持续演化，以获取所需的互补性资产并保持核心能力。运行期，中心通过面向用户的"用中学"，夯实和提升组织开放共享能力。

（一）组织能力转型：核心组织功能转化

1. 学校调整完善核心组织功能

一是工程经理部转为强磁场中心运行。参照国际惯例和国家管理规定，中心通过组建科技委员会、用户委员会、国际咨询委员会，确保设施有效使用，同时保障设施水平提升。研制团队转为运行团队，提升对强磁场相关学科的研究能力，确保运行技术状态并持续提升指标；为用户提供技术服务，促进用户成果产出。CoPS组织管理经验已形成惯例，作为组织层面的反应规则来协调组织内部成员间互动的规则，能够自动实施并节约组织内部成员的认知资源。二是将运行任务纳入岗位体系。华科大将建设期的科研建设并重岗调整为运行期的科研运行并重岗，考核以设施运行成效为主，开放运行的服务时间纳入工作量统计并在薪酬中予以体现，用户合作科研成果可折算为个人科研成果。学校持续为设施运行人员提供薪酬、人才引进、研究生招生等支持。

2. 中心与高校组织管理融合发展

中心作为与学院平级的二级单位，履行设施运行和开放共享、科研、人才培养、学科发展等职责，人员少、职责重大。对此，华科大采取以下举措：一是促进校内共享科研和教育资源。中心与学院共建强磁场技术研究所、强磁场物理研究所，二者既是中心的研究机构，也是学院设立的研究所。跨学科交叉团队调动了校内科研互补性资源，保障了设施组织内部科学研究能力的稳步提升。中心通过与院系联合开设实验课程、鼓励优秀本科生提前参与设施科研、跨学科选课等举措，实现联合培养出对前沿科学技术感兴趣的人才这一目标。二是学校设立开放基金，以吸纳研究资源。为了有效调动校内研究和人才资源定向投入强磁场研究工作，华科大每年在校内设立开放基金，作为促进学科交叉的"增强机制"，鼓励教师开展强磁场下前沿科学研究工作。多层次开放体系保障了技术水平提升、促进设施产出，使中心对学校物理、材料、化学、工程等多学科的ESI贡献度逐年提升，更提升了解决经济社会发展和国家安全中的战略性、基础性和前瞻性科技问题的能力。学校在"十二五"期间获批建设精密重力测量研究设施，成为唯一承担2个设施任务的高校。

3. 自组织网络推进设施可持续发展

一是建设国内外用户网络。通过设施形成用户网络是科技强国集聚高水平人才的重要手段，美国国家实验室的通常状态是访问学者比实验室内（In-house）员工多。截至2020年年底，设施累计开放运行55412小时，已为国内外97家高校和科研院所开展科学研究1258项，在高温超导、拓扑半金属、分子磁体、石墨烯等前沿研究领域取得了丰硕的成果，在高水平期刊发表SCI论文1030篇，有效地推动了我国基础前沿学科的发展。二是供应商网络保障设施性能提升。成功的互动学习会激发更进一步的合作。中心与供应商持续合作开展材料研发和制备工艺优化工作，保障了磁体材料使用和磁体稳定运行，是典型的专业差异大、合作聚焦型的大型研究设施合作模式。网络结构中成员间的相互依赖性延长了网络的生命周期。围绕磁体材料这一特定创新问题，在现有的技术轨迹中持续产生动态知识流动。可见，一旦学习过程建立起来，并使得连续创新成为可能，网络就具有了可持续的竞争优势，通过学习和协调带来效益递增。

（二）技术能力转型：技术创新与服务创新并重

1. 本地工程化技术保障提升设施性能

从建设期到运行期，复杂性技术创新的协同演化沿着已有轨迹、通过已建立的网络与技术渐进式发展。运行期间，工程类学科团队依靠内部隐性知识，持续保障中心的研发，设施部件和综合性能仍持续提升。基础研究继续对设施研制发挥关键支撑作用，在国家重点研发计划的支持下，推进"脉冲强磁场先进实验技术研究及装置性能提升"项目。子系统技术创新推进复杂系统创新，从而使设施实现重复频率世界最高，并创造了脉冲平顶磁场强度的世界纪录。

2. 根据用户科学实验需求研发新技术新方法

测量系统是关系到用户实验质量和设施功能实现的重要组成部分。某用户团队提出利用60T脉冲强磁场观察新型量子相变现象的实验需求，极高的角度分辨率是传统方式所不能满足的，需要发展脉冲强磁场条件下的测量杆。为此，中心研制了一种全新的拉杆式转角样品杆，实现了强磁场下高精度、高角度分辨率测量，从而支撑用户相关科学成果发表于《自然》（*Nature*）杂志。同时，中心将相关技术成果发表于《物理学报》，侧重于通过技术交流，便利用户利用新工具开展相关研究。

第三节 全寿命周期复杂系统能力演化讨论

本书通过脉冲强磁场案例分析发现，在 CoPS 全寿命周期内，实现复杂技术需要复杂组织来协调和提升成员间的新技能，推动设施任务承担主体掌握原先无法掌握的复杂技术，实现组织和技术的协同演化。

一、复杂组织能力演化

华科大在承担 CoPS 任务的过程中，首先通过搜索，学习科研机构经验，建立了工程经理部这一核心组织。为解决高校内部新组织协调能力弱的问题，创新性地构建了工程指挥部这一虚拟组织，构建了高校内部跨层级的"纵向贯通"机制，从而充分调动了基建、财务、科研、招生、外事等行政资源。为解决高校自由探索型文化对"大科学"组织带来冲击的问题，华科大通过设置特色岗位、跨组织双聘、构建交叉团队和开放基金等方式，建立了工程经理部这一"大科学"组织与学院这一"小科学"组织间的"横向协同"机制，形成了对人力资源的"双向吸纳"而非"单向吸纳"，使高校从知识转移的专业化和多样性中获益，并确保组织发展的可持续性。这种纵向调动行政资源、横向调动科研资源的方式，形成了高校承担 CoPS 项目的"新型举校体制"和强有力的动员机制（图 10-3）。

图 10-3 脉冲强磁场设施组织能力结构

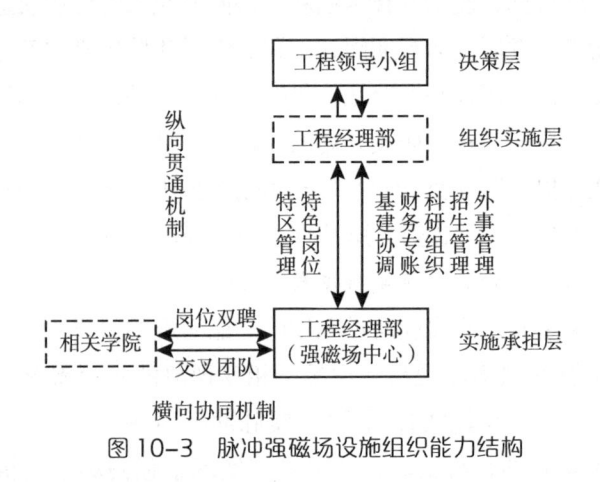

从建设期到运行期，华科大组建了设施组织管理体系（图 10-4），根据设施项目、学科特点、国家要求、国际惯例等，分阶段采取适应性组织形式，在校内

调动行政、科研人才资源，在校外调动供应商网络和用户网络资源，促使 CoPS 在全寿命周期的自组织能力不断增强。

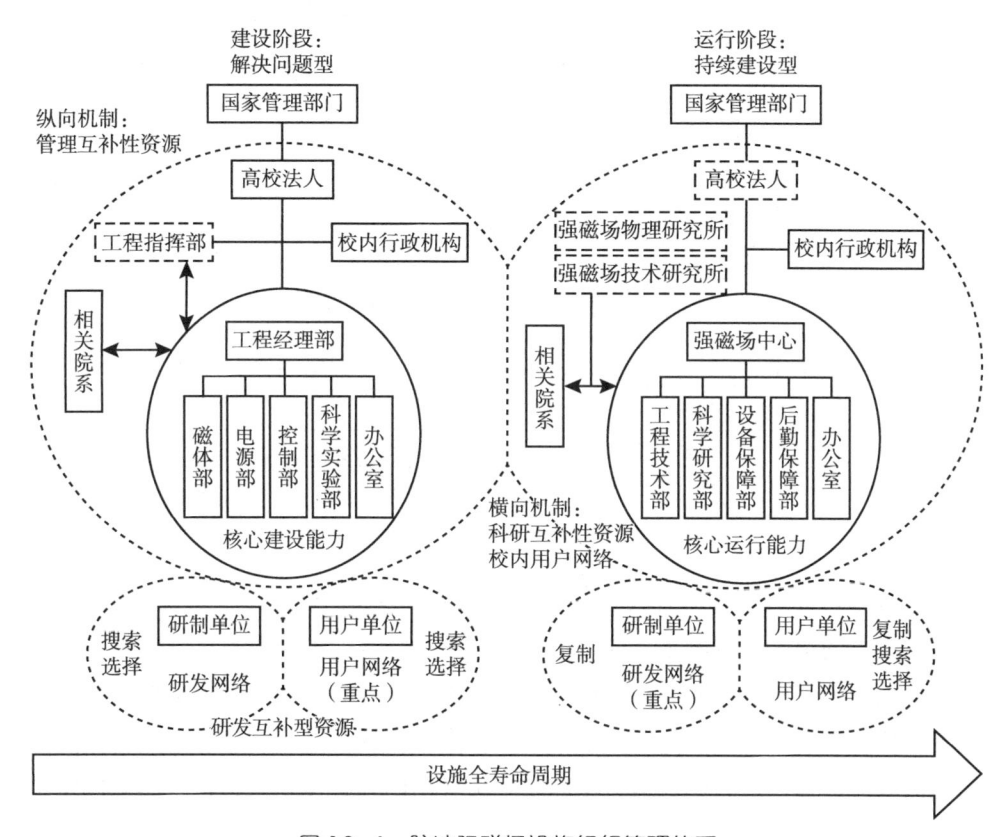

图 10-4　脉冲强磁场设施组织管理体系

对比来看，国际上目前有 3 种典型的组织形式来承载设施。一是以高校承载国家实验室的美国模式，如美国能源部科学局委托加州大学等高校管理的国家实验室等。二是德国亥姆霍兹联合会、日本理化学研究所、中国科学院等大型国立科研机构管理模式。三是新设立独立法人共享资金和智力资源，以欧洲核子中心、劳厄 - 朗之万研究所、欧洲同步辐射光源为代表。表 10-2 是强磁场中心与其他设施管理组织的对比。

可以看出，华科大设立了独立的工程经理部（强磁场中心）这一实体化独立中心，较好地吸收了美国高校管理国家实验室的经验，并充分结合我国高校管理的特点，优于我国其他非独立机构的高校组织管理模式。对比来看，依托原有院

表 10-2　强磁场中心与其他设施管理组织的对比

法人	核心组织	组织属性	内部组织结构	激励机制	自组织网络
高校	强磁场中心	相对独立的二级机构，组织边界相对明确	接受高校管理、与学院合作	分类设岗、特色工作量折算、双聘、交叉团队	边界相对明确、资源充沛，便于内外部多种合作
	高校非独立机构	非独立机构，组织边界不明确	接受高校和院系两级管理	特色工作量计入绩效、职称评聘标准模糊	边界不明确、影响内外部合作交流
	设在高校的美国国家实验室	国家垂直管理、相对独立的非法人独立体系	接受高校管理、与高校合作	教职双聘、机构合作、学生共享	边界相对明确、资源充沛，便于内外部多种合作
国立科研院所	设在国立科研院所的设施机构	与研究所法人的组织边界相对明确，分为设施即所、矩阵式项目组织等	一致或相对一致，研究所法人担任工程经理	责任机制保障充分、岗位保障、特色工作量计入绩效	以跨研究所紧密研发合作为主；资源充沛，便于内外部多种合作
独立法人	独立法人	国家垂直管理或国际合作管理的独立法人	完全一致	岗位绩效明确、激励充分	边界明确、以外部合作弥补内部资源不足

系建设设施往往与学院原有教学科研职能冲突，容易出现单向"资源吸纳"，使资金和人才的保障力度不足，导致建设进度慢、技术能力获取不足等问题。这一组织形式与国立科研院所、独立法人承担设施任务各具特色。高校承担设施任务的突出优势在于能够充分利用多学科资源，发挥互补性资产效应和隐性知识传播的距离效应，提升设施建设运行中问题解决导向的综合性知识、运行期学科导向的分析性知识能力，将学科发展和培养人才水平提到国际前沿。但与科研院所学科集中相比，高校对技术和人才的专业性保障相对偏弱，需要持续的政策支持。

二、复杂技术能力演化

通过对建设期到运行期技术能力演化过程的分析（表 10-3）发现，CoPS 组织内部产生的知识在复杂技术创新中占据主导地位，潜在的供应商和用户经验是重要的外部学习源泉。组织通过与供应商和用户的自组织网络成员"合作中学"，将内部探索学习融入整体的网络化学习过程，实现了对复杂技术能力的获取和深入，有效地完成了 CoPS 项目建设运行任务并获取持续发展能力。当学习引发了用以解决技术问题的组织化适应和新的组织结构变化，自组织就达到了更高的适应度。这种组织和技术的适应度是通过整合外部和内部组织变量共同演化而来的。

表 10-3　复杂技术的过程化学习

阶段	子案例	学习类型	技术来源	典型学习过程	学习效果
预研	自主开发小型原型机	做前学	团队隐性知识积累	从科技进展中学习，发展自己的科学技术	奠定知识能力和技术基础
建设期	本地化学习完成自主磁体设计	干中学和试中学	内部研发与内部试错法	锻炼团队协作能力，完成复杂系统与子系统的协调	形成理论模型和总体设计技术，实现用户实验设计实施能力
	与供应商协同开发磁体材料	试中学和合作中学	内部研发和供应商合作创新	组织适应协同解决研制和使用问题	正式探索学习融入合作网络化学习，带来最大回报，积累网络关系，激发后续合作
	与用户协同设计测量系统	用中学和合作中学	内部研发和先导用户专家的经验优势	用户提出实验问题，提供实验系统设计思路等用户驱动型创新	把实验系统技术连接到可运行的整体系统中，形成实验技术能力，形成保障高水平用户成果产出能力
运行期	本地化学习完成运行设计	试中学和用中学	内部试错法	提升团队协作和子系统的协调能力	形成运行总体技术，并提升设施性能水平
	为用户开发样品杯、设计交流测量法	试中学和用中学	内部试错法、交互试错法	通过实验解决问题，促进学习	降低复杂性和不确定性，保障高水平用户成果产出，获得新工艺、新产品和隐形技术
	与供应商持续研发升级磁体材料	试中学和合作中学	内部研发和供应商合作创新	组织适应协同解决性能提升问题	保障部件材料的稳定供应，不断提升整体性能和网络能力

第四部分

重大科技基础设施管理政策研究

第十一章

重大科技基础设施可持续发展政策建议

作为后发追赶国家，我国的重大科技基础设施建设取得了不俗的成绩，但与美国、日本、德国等国家相比，还存在较大差距，既包括总体规模和数量上的差距，也包括部分战略性领域和交叉学科方面的布局较为薄弱。此外，顶层管理不足也造成了管理周期长、过程关注不足、有效反馈慢、管理权限下移、应对项目风险能力弱等问题。设施科学效益的发挥受到各方面制约，科学产出不够理想。设施配套机制不健全，重硬件、轻软件，技术储备和科技队伍不足，重设施主体、轻配套和实验终端，影响设施综合效应的发挥。从可持续发展方面来看，设施运行缺乏后续规划和投入，尤其是大型科研计划的配套设施在区域布局上较为独立分散，大型综合性研究基地不足，影响重大科技基础设施效益的发挥。从统筹布局协同推进方面来看，欠缺行之有效的政策思路和政策措施。需要通过系统的政策研究，提出行之有效的一揽子政策方案，并推动管理政策落实。

我国重大科技基础设施应以打造先发优势、实现引领型发展为目标，强化顶层设计，加强发展战略研究，统筹以建设和运行为核心的全寿命周期以及以建设运行组织为核心的全利益相关者管理，健全管理体制机制，通过完善设施评价机制等有效管理手段和工具方法的应用，促进重大科技基础设施科学效应和综合效应的发挥，为支持我国提升科技竞争力和实现创新驱动发展服务。

对重大科技基础设施建设和运行过程研究的目的，是为归纳我国重大科技基础设施管理有效的政策建议。本章在同步辐射光源建设运行过程案例分析的基础上，提出相关建议。

第一节 推进规划实施，促进长远发展

规划的目的是根据长远的、战略性、整体性的考虑，既包括选择适当的项

目,做好立项前的准备工作,为进一步遴选和立项建设创造条件,也包括通过加强战略管理,促进项目更好地实施,促进我国重大科技基础设施长期、稳定、持续、健康发展。

一、推进中长期规划落地和五年规划的具体实施

2013年,国务院出台《国家重大科技基础设施建设中长期规划(2012—2030年)》,该规划是国家第一次针对国家重大科技基础设施制定的专门规划,对重大科技基础设施建设进行了系统性、前瞻性部署,是国家重大科技基础设施发展历史上的重要里程碑。规划中包含了"十二五"启动的16个项目和截至2030年可能建设的方向和领域。由于规划时间段较长,为当前科学技术发展的速度下,重大科技基础设施建设的立项前准备和立项后建设提供较为充足的时间尺度。建议随着我国重大科技基础设施建设积累,可参考美国、欧洲规划新建和升级的比例,在规划制定中,逐步考虑向以新建为主、兼顾统筹改造升级的过渡。同时,应进一步明确中长期规划框架下五年规划的制定程序,通过推进中长期规划落地和五年规划实施,来推进重大科技基础设施高水平建设,充分发挥重大科技基础设施对创新驱动发展的支撑作用。

二、加强规划战略研究

规划首先应站在国家战略的高度,根据国家发展的目标与国家经济社会发展和科技进步的需求来制定。同时,规划的制定还应该与国家的经济实力相适应。在国家制定中长期科技发展规划的过程中,已决定大幅提高科技投入,应在落实该项规划的过程中,明确对重大科技基础设施的投入方向和投入规模,使重大科技基础设施发展规划的制定有依据,实施有保障。在规划的制定中,不仅要考虑新建项目的建设投入,还要考虑建成设施的后续投入。国家在今后一个时期里对重大科技基础设施的投入总量及其占国家 R&D 投入的比例,可通过总结近十几年来我国的相关实践经验,参照世界不同类型国家的做法来确定。

三、充分利用和有效协调利益相关方在规划中的作用

重大科技基础设施规划影响到设施的建设、运行和利用,涉及国家多部门。为了使规划工作与后续工作有效衔接,我国目前已形成由国家发展和改革委员会牵头,财政部、科技部、国家自然科学基金委员会共同管理的组织架构。规划广泛发动了我国科技界和科技管理界的力量,形成了国家相关部门的代表以及科学

家、管理专家、经济专家的总体专家组和由各个领域的战略科学家组成的领域专家组。应进一步有效协调利用各利益相关方在规划中的作用，制定科学的评价遴选标准，综合考虑与社会、经济、科技等发展水平相关的整体布局，系统考虑与主要用户群相关的地域布局和与大型科研基地建设相关的结构布局，还可借鉴欧洲利用多元化的投资途径和结构基金等多种金融工具手段来升级或维护科研基础设施的做法。

第二节 完善全过程管理，健全管理体制

全寿命周期管理是重大科技基础设施的重要管理理念，针对重大科技基础设施建设运行全过程中管理体制和机制存在的问题，提出以下解决途径和对策。

一、加强预先研究管理，做好立项前准备

纳入规划项目应有计划地完成立项前的预先研究，凝练并明确科学问题和科学技术目标，初步确定设施的建设目标和总体技术方案，并广泛吸纳用户需求，开展关键技术研究，验证方案的基本可行性。项目主管部门应积极组织实施规划项目的预先研究，对预先研究项目进行管理和评估。规划总体组和领域组专家应发挥科学顾问的作用，对项目的预先研究进行跟踪评估。应进一步整合完善预先研究的支持方式和支持渠道，对于不同规模、不同创新程度的预先研究项目形成明确的组织管理方式和支持方式。

二、重视建设期工程管理方法的应用

虽然我国出台了重大科技基础设施的管理办法，但在操作过程中仍较多地参照一般基本建设项目的建设程序和管理规范进行管理，尤其在建设期规定仍较为宽泛和宏观，未能充分反映重大科技基础设施的特点。应进一步针对重大科技基础设施建设的特点，完善设施建设的管理政策和相应规定，并要求建设单位的主管部门制定具体的管理办法和管理手册。

加强工程基准管理。要严格按照基建工程的规范进行管理，在工程建设中牢牢把握工程基准，采取一切可能的措施，努力按照工程基准完成建设任务。在工程开工前，建设单位应制订切实可行的工程实施及管理计划。建设单位主管部门应建立规范的定期工程进展报告和检查制度，加强对工程的过程监控和工程基准的控制，摸索和逐步建立工程监理制度。

完善变更管理标准和程序。应对工程基准变更采取实事求是的态度对待和处理，并根据大科学工程的特点，完善相应的管理规范。对合理的工程基准变更申请，应通过规范的程序及时加以审查批准，以便工程有序推进。当变更可能严重影响科学目标的实现时，应对工程的实施状况进行全面的评估，做出相应的决策。

推广有效的工程管理方法。从国家管理部门或主管部门层面，积极推进计划管理、经费管理和质量管理中的有效方法。例如包括工程设计、加工、测试验收、安装和调试等各个工作环节，按总体、分总体、系统、设备等工作层级，涵盖包括建设内容、技术指标、工作进度、人员、经费预算等方面内容的关键路径法（CPM）、工作分解结构方法（WBS）、模块化管理方法等。

三、重视运行期的科研属性和运行特殊性

建议关注各类设施运行期的科学属性，自上而下地组织利用设施开展科研活动，如发起利用设施的大型科研计划，与国家重大科技专项等现有科技计划进行紧密衔接。

着力提升国家科学中心等运行组织在科学界的认可程度。加强运行期科学层面的规划管理，形成设施长期科学发展规划和全寿命周期改造升级的机制。明确设施研究对于确保设施稳定运行和持续发展的支撑作用，保障实验研究经费和改进发展经费投入渠道通畅，支撑设施长期发展的机器研究和实验方法学等共性技术储备研究。支持工程技术人才团队，保障设施吸引凝聚一流科技人才。

统筹规划设施的改造升级。按照全寿命周期规划设施发展，在规划和批准项目立项时，就对这类设施可预见的后续实验设施发展加以计划，适时投入。对设施利用过程中新提出的实验设施建设需求，也应及时加以评估，做出安排。通过分类管理和有效评估，设定设施改造升级周期，促进设施功能升级。

保障用户使用。建设完善满足开放共享需求的软硬件配套设施，根据其自身科学研究的特点，建立保障开放共享的制度。建立科学技术专家委员会和用户委员会，充分发挥科学技术专家和用户的咨询建议作用；为设施的科研方向、日常维护和升级改造提出建议；参与实验机时的分配等活动；监督设施及其研究结果的开放共享程度等，将开放共享作为重要考核指标。

第三节 强化顶层设计，重视分类管理

借鉴国外重大科技基础设施宏观管理的做法，强化顶层管理，设置相互协调

配合的顶层管理组织。从项目执行、项目监督两条线分层级管理，使大型装置项目的执行和监管过程制度化，建立定期报告、检查及重大问题处理制度。设施主管部门应定期向国家发展和改革委员会报告设施建设与运行中的重要进展，国家发展和改革委员会应视情况对建设与运行进行检查和评估，并定期在一定范围内发布设施建设运行的情况报告和检查评估的结果。建议建立重大问题处理机制。对于设施建设过程中的重大变更、运行过程中的可持续发展等重大问题，建立主管部门及时向国家发展和改革委员会报告制度。发挥相关科学技术领域技术专家、管理专家、业务和法律相关专业人员的作用，为项目的计划、评议和管理提供建议和协助。随着重大科技基础设施集群化发展趋势的出现，借鉴美国能源部的做法，设置区域管理办公室，负责协调国家管理部门和地方管理部门对重大科技基础设施集群的相关政策措施，促进设施集群更好地发挥知识生产和人才集聚的作用。

设施属性和类型不同，管理方式也应当有所差异，管理措施才能更加具有针对性。重大科技基础设施涉及的范围很广，不同类型的设施管理要求不尽相同。建议根据设施的不同特点，建立与之相适应的运行组织形式和管理模式，并尽早明确设施建成后的运行机制和体制。由于提供实验条件类设施在设计、建造和使用上需要考虑用户的使用需求，存在与用户交互界面，复杂性更高、难度更大，需要在运行资源和管理资源上给予保障。对提供数据类设施，应加强大数据的分级管理等。

第四节　加强组织建设，保障人才队伍

建设组织作为建设期的责任主体，其能力高低对是否能按照时间进度和质量要求完成复杂项目建设任务至关重要。

一、加强建设期组织能力建设

建设期明确的约束条件和目标导向通常是关注的重点，主体能力在这个阶段不受关注，但是却非常关键。承担单位通过建设过程的学习效应所累积的关于设施技术和管理的大量隐性知识，是完成建设任务以及维护后期运行的必要因素。主要能力包括：①规范管理能力。利用先进项目管理技术，完善质量、资金、进度、风险、变更、安全、采购和合同、档案、信息等管理。②协同研发能力。与联合研制单位密切合作，突破重大技术，集成相关部件和技术，系统调试保障系统可靠性。③外包监造能力。有效管理供应商，以合同方式外包完成部件生产

等。不同主管部门、建设队伍采用的建设模式不同，这取决于管理能力和技术能力。随着能力和经验的提升，承担单位能够较快地聚焦科学问题、汇聚用户需求和建设资源、采用有效的技术手段和管理方法推进建设进程。

二、增强运行机制的灵活性

可以针对我国设施的具体情况，学习国外的先进运行模式，积极探索并视情况试行灵活的运行机制。实行所有权与管理权分离的委托代理运行制、将一定期限的管理权承包给有资格的研究机构并基于评价确定管理权的存续"管理权竞标制度"，成立由利益相关者组成的非营利性法人组织等，从而在一定程度上解决运行组织与法人单位之间在行政管理程序、人员聘用、研究模式、财务模式、激励结构和合同文书等方面存在的结构性矛盾，目标明确、资源集中地高水平完成运行工作。

三、加强重大科技基础设施人才队伍建设

重大科技基础设施的建设和运行需要高素质的人才队伍，同时又是培养队伍、造就人才的重要途径。应加强青年人才的教育和培养。设施主管部门和建设运行单位应将青年人才的培养列入重要日程，利用设施建设和运行过程中的有利条件和国际交流合作渠道，通过招收研究生和联合培养等多种形式，培养和造就一批青年科学研究和工程技术人才。应建立与设施特点相适应的用人机制和考核办法，对于从事科研、工程、运行、支撑、管理工作的不同岗位人才，应根据其发展目标，制定不同的职业发展路线，使之能够持续稳定地得到培养和提高。应结合实际需要，制定灵活的人才引进政策，允许建设运行单位合理引进各种人才，对特殊急需的人才应允许打破常规，给予相应的待遇。应根据重大科技基础设施的建设规模和实际需求，合理确定新建和扩建设施单位的事业编制等。

第五节　健全投入管理，提升管理绩效

在国家对重大科技基础设施增大财政投入的条件下，应该看到我国重大科技基础设施建设的单项投入与世界同类型设施相比仍有较大差距，即使考虑到核算差异等因素，与实际需要相比，许多项目还存在投入不足的问题，影响设施的技术水平和建设质量。必须进一步改进投入管理，使投入使用得科学、合理。

一、将人员经费纳入基本建设经费和运行经费

在重大科技基础设施建设和运行经费中,增加运行人员的岗位津贴。重大科技基础设施的人才吸引、培养和稳定,都离不开对人才的投入,在市场经济时代,这一问题尤为突出。为了凝聚和维持人员队伍,需要根据重大科技基础设施发展实际,对工程建设和运行人员收入水平予以保障。

二、完善科学研究和实验研究经费投入渠道

针对科学研究和实验研究经费无固定渠道的现状,建议国家设施建成投入运行后,确定科学研究和实验研究经费投入有效渠道,设立设施的科研专项经费,支持依托设施的科学研究,以及设施实验技术和实验方法研究,由各设施和用户申请使用。

三、建立完善多元化的投资渠道

我国重大科技基础设施的发展,除了依靠国家投入,还应鼓励地方和社会投资,并积极从国际合作中吸纳资金,建立多元化的投资途径,从而保证建设投入,确保建设水平。

第六节 完善考核评估,促进健康发展

重大科技基础设施建成后,要经过长期稳定的运行、不断的发展和持续的科学活动,才能实现预定的科学目标,而且其科学寿命较长,因此应定期进行考核评估,出台统一的评价标准,促进设施持续健康发展。

一、建立全寿命周期评价制度

重大科技基础设施的重要性、长期性和复杂性,都要求建立评价制度来促进建设运行管理绩效。评价应包括事前评价、事中评价、事后综合评价,应重视发展可持续性,厘清阶段性目标;兼顾监督评价严格性和评价措施灵活性;放眼国际标准,着力满足利益相关者需求;合理判断评价结果,及时采取措施。应根据评估结果,对设施的发展做出适当决策:加大支持,提高其技术能力和科学目标,包括进行重大升级改造;或减少支持,减少运行时间,逐步退役;或限期退役。考核评估制度应适应设施特点、符合我国国情,又与国际接轨。结合设施生

命周期评估,对科学目标的实现情况进行考评,考察设施的发展状态、发展环境和发展潜力,包括设施目前状态和科学成就与建设时预期目标的比较;相关科学领域的发展态势、设施的科学价值和科学潜力;同类设施的国内外发展情况、设施的技术状况和发展潜力;开放共享情况;设施的国际地位、国际竞争力等。如果不涉及国家机密,考评报告应该公开发表。

二、建立科学的考核评估体系

实现国家目标、完成国家赋予的使命是重大科技基础设施和相应研究机构的基本任务。因此,对这些研究机构的科学活动不能简单地用承担课题任务数、获奖数、发表文章数等通用指标来评价;而应重点考核其预定科学技术目标的实现情况,以及对国家科学技术发展和社会进步的贡献。对于专用实验设施,应主要考察研究成果的原创性,在国际上的地位和影响力。对于公共平台设施,应主要考察支撑用户科学研究的实验技术、实验方法的发展水平,对我国相关科学技术领域的贡献,包括接待用户的数量,用户研究课题的数量、水平、取得的成果,以及为用户服务的质量等。公益科技设施应主要考察其技术发展水平和研究水平,收集、发布数据和信息的数量和质量,以及为国家各项事业做出的贡献等。除了对科学技术目标实现情况的考核,对重大科技基础设施的考核评估还应包括开放共享的情况、设施的运行状况、改进发展情况、管理工作的水平、队伍建设和人才培养,以及经费使用的有效性等。对这些方面的考核都应该紧紧围绕国家赋予的使命进行,考察完成国家使命的各种条件和能力以及持续发展的能力。

三、强化设施全寿命周期综合效应的评价政策管理

从管理政策上看,围绕我国建设科技强国和跻身创新型国家前列的需求,下一步应强化设施全寿命周期综合效应的评价政策管理,更加关注通过绩效评估提升投资效益。

一是增强事前评价的客观性。更加强化性价比考量,对不计成本地支持基础研究的科学政策需要反思。积极采用成本效益评价(CBA)等方法作为项目遴选阶段的基本工具方法,提供设施经济社会效益的稳健证据和项目级别的政策决策信息。二是强化事中评价的规范性,鼓励主管部门依据国家评价导向,对在建项目遇到的问题、建设成果等进行规范性评价引导。三是明确事后评价的关联性。评价结果与运行升级续建等后续资源分配建立关联,增加对承担单位的约束条款,促使承担方做出的决策更加及时、客观、有效。

第七节　构建知识网络，促进效应发挥

网络机制来源于重大科技基础设施在建设运行过程中对多方利益相关者的有效整合，应着力构建并完善重大科技基础设施知识网络，促进重大科技基础设施在区域创新体系和国家创新体系中发挥综合效应。

一、构建和完善建设期科学技术网络

有效利用外部智力资源和技术资源，确保重大科技基础设施建设目标的实现，发挥对国内产业技术的带动作用。重大科技基础设施建设全过程涉及多方利益主体，包括宏观管理部门、主管部门、依托单位、参建单位、用户单位、设备供应商等，需要构建复杂的网络化管理体系。发挥矩阵式管理对技术资源的整合作用，对设施建设全过程、众多利益相关者和分散于各主体的技术资源进行有效协调和综合配置。发挥外部专家机制和用户机制对设施建设目标和方案的优化作用。发挥重大科技基础设施研制过程对新技术、新工艺、新产品的带动作用和技术溢出效应，以及对提升供应商的专业技术和加工制造能力的带动作用。在项目依托单位技术能力、人员队伍水平、建设管理能力、应急管理能力等许可的情况下，应将更多的国内企业纳入供应链，充分发挥国家投资带动国内产业技术水平提升的重要作用。

二、利用设施形成的知识网络推动科学效应和综合效应的发挥

发挥以设施运行组织为中心的知识网络的资源汇集作用、科研人才吸引作用，促进研究者的多种知识融合，形成社会资本和集群效应，促进知识生产和成果转化，推动科学技术发展。以重大科技基础设施作为知识网络的中心节点，吸取国外重大科技基础设施知识网络的建设经验，推动依托设施建设综合性大科学中心和国家科技创新中心，充分发挥重大科技基础设施在研究、创新、教育中的核心作用，为区域创新体系和国家创新体系的建设发挥基础支撑和沟通互动的桥梁作用。

参考文献

[1] BROOKS H. The science adviser, in Gilpin, R and C. Wright ed. scientists and national policy-making [M]. New York: Columbia University Press, 1964.

[2] GALISON P. Image and logic: a material culture of microphysic [M]. Chicago: University of Chicago Press, 1997.

[3] HIPPEL E V. The dominant role of users in the scientific instrument innovation process [J]. Research Policy, 1976, 5(3).

[4] HOUNSHELL D A, SMITH K J, Jr. Science and corporate strategy: DuPont R&D, 1902-1980 [M]. Cambridge: Cambridge University Press, 1988.

[5] LEARY H O, BROWN G E. Perspective on the super collider: resuming the pursuit of knowledge [N]. Los Angeles Times, Nov 21, 1993.

[6] MOWERY D C, ROSENBERG N. Technology and the pursuit of economic growth [M]. Cambridge: Cambridge University Press, 1989.

[7] RABI I. Science: the center of culture [M]. New York: World Publishing Company, 1970.

[8] REICH L S. The making of American industrial research: science and business at GE and Bell, 1876-1926 [M]. Cambridge: Cambridge University Press, 1985.

[9] STEINBERG D. Is a human proteome project next? [J]. The Scientist, 2001, 15(7).

[10] WEINBERG A M. Impact of large-scale science on the United States [J]. Science, 1961, 134, 3473.

[11] WEINBERG A M. Reflections on big science [M]. Cambridge: MIT Press, 1968.

[12] WESTWICK P J. The national labs: science in an American system, 1947-1974 [M]. Cambridge: Harvard University Press, 2003.

[13] J. D. 贝尔纳. 科学的社会功能 [M]. 陈体芳, 译. 北京: 商务印书馆,

1982.

［14］贝尔纳. 历史上的科学［M］. 伍况甫，译. 北京：科学出版社，1983.

［15］杜澄，尚智丛. 国家大科学工程研究［M］. 北京：北京理工大学出版社，2011.

［16］樊春良. 美国国家实验室的建立和发展——对美国能源部国家实验室的历史考察［J］. 科学与社会，2022，12（2）.

［17］荷马·A.尼尔，托宾·L.史密斯，珍妮弗·B.麦考密克. 超越斯普尼克——21世纪美国的科学政策［M］. 樊春良，李思敏，译. 北京：北京大学出版社，2017.

［18］姜桂兴. 英国面向2030年的科技创新政策研究［J］. 全球科技经济瞭望，2018（33）.

［19］克利斯·弗里曼，罗克·苏特. 工业创新经济学［M］. 华宏勋，华宏慈，等译. 北京：北京大学出版社，2004.

［20］武安义光，等. 日本科技厅及其政策的形成和演变［M］. 杨舰，王莹莹，译. 北京：北京大学出版社，2018.

［21］吴海军. 法国对大型研究基础设施的建设管理情况分析［J］. 全球科技经济瞭望，2015，30（6）.